# 比较美学

（第1辑）

## 世界多元文化互动中的美学原理（上）

张　法◎主编

四川大学出版社

SICHUAN UNIVERSITY PRESS

**图书在版编目（CIP）数据**

比较美学．第 1 辑 / 张法主编．— 成都：四川大学
出版社，2023.7
　　ISBN 978-7-5690-6218-2

　　Ⅰ．①比…　Ⅱ．①张…　Ⅲ．①比较美学　Ⅳ．① B83

中国国家版本馆 CIP 数据核字（2023）第 126187 号

书　　　名：比较美学（第 1 辑）
　　　　　　Bijiao Meixue（Di-yi Ji）
主　　编：张　法
-----------------------------------------------------------------
选题策划：黄蕴婷
责任编辑：黄蕴婷
责任校对：毛张琳
装帧设计：墨创文化
责任印制：王　炜
-----------------------------------------------------------------
出版发行：四川大学出版社有限责任公司
　　　　　地址：成都市一环路南一段 24 号（610065）
　　　　　电话：（028）85408311（发行部）、85400276（总编室）
　　　　　电子邮箱：scupress@vip.163.com
　　　　　网址：https://press.scu.edu.cn
印前制作：四川胜翔数码印务设计有限公司
印刷装订：成都市新都华兴印务有限公司
-----------------------------------------------------------------
成品尺寸：170 mm×240 mm
印　　张：11.75
插　　页：2
字　　数：218 千字
-----------------------------------------------------------------
版　　次：2023 年 9 月 第 1 版
印　　次：2023 年 9 月 第 1 次印刷
定　　价：58.00 元
-----------------------------------------------------------------

扫码获取数字资源

四川大学出版社
微信公众号

# 《比较美学》编辑架构

## 学术顾问

**国内学术顾问**

朱立元　复旦大学

凌继尧　东南大学

陈望衡　武汉大学

杨春时　厦门大学

尤西林　陕西师范大学

高建平　中国社会科学院文学所

王一川　北京师范大学

朱良志　北京大学

周　宪　南京大学

王柯平　中国社会科学院哲学所

王　杰　浙江大学

**国外学术顾问**

〔美〕克格勒（Hans Herbert Koegler）　北佛罗里达大学

〔德〕佐伊勒（Guenter Zoeller）　慕尼黑大学

〔德〕福格（Hans Feger）　柏林自由大学

〔德〕王卓斐　希尔德斯海姆大学

〔意〕盖泰诺·楚拉齐（Gaetano Chiurazzi）　都灵大学

〔俄〕波隆斯基（В. В. Полонский）　俄罗斯科学院高尔基世界文学所

〔日〕小田部胤久　东京大学

〔韩〕辛正根　成均馆大学

## 学术委员会

**主　任**　曹顺庆

**副主任**　傅其林　张　法

**委　员**　贺志朴　金惠敏　刘成纪　刘丰民　刘亚丁　李修建　阎嘉　尹锡南
　　　　余开亮　章　辉　詹文杰　张　颖

**主　编**　张　法

**副主编**　刘亚丁　尹锡南　刘成纪　李修建

# 各语种－文化的美学专家

| 中国美学 | 刘成纪（北京师范大学） | 贺志朴（河北大学） |
|---|---|---|
| | 余开亮（中国人民大学） | 李修建（中国艺术研究院） |
| 俄罗斯美学 | 刘亚丁（四川大学） | 王加兴（南京大学） |
| | 陈　方（中国人民大学） | |
| 斯拉夫美学 | 傅其林（四川大学） | |
| 印度美学 | 尹锡南（四川大学） | 侯传文（青岛大学） |
| 日本美学 | 王向远（广东外语外贸大学） | 梁艳萍（湖北大学） |
| | 臧新明（山西大学） | 郑子路（江西师范大学） |
| 韩国美学 | 徐希定（中山大学） | |
| 英语美学 | 阎　嘉（四川大学） | 章　辉（曲阜师范大学） |
| | 伍　凌（四川外国语大学） | |
| 法语美学 | 张　颖（中国艺术研究院） | 宁晓萌（北京大学） |
| | 李科林（中国人民大学） | |
| 德语美学 | 贾红雨（长安大学） | 周黄正蜜（北京师范大学） |
| | 朱会晖（北京师范大学） | 余　玥（四川大学） |
| 西班牙语美学 | 张伟劼（南京大学） | 温晓静（四川外国语大学） |
| 意大利语美学 | 聂世昌（上海大学） | 高　薪（南京大学） |
| 阿拉伯语美学 | 林丰民（北京大学） | |
| 拉丁语美学 | 徐龙飞（北京大学） | 张　俊（湖南大学） |
| 希腊语美学 | 詹文杰（中国社会科学院） | 林　早（贵州大学） |

**编辑秘书组**

组长：李　想　高童宇

组员：林华琳　毛长森　李官丽　李　江　万心雨　文悠游　吴亚男　王俊波

本辑组长：李　想

# 目　录

● 导 言

# 世界各文化的美学原理写作：起源、演进、形态

## 四川大学文学与新闻学院　张　法

　　摘　要：美学原理的写作，是西方学科型美学的产物。世界之美的
演进，由原始时代的工具、装饰、仪式，到文字发明后"美"字的出现，
再到轴心时代理性思想的兴起，地中海、印度、中国出现了三种美学。
西方古希腊开始形成实体－区分型美学，印度形成是一变一幻一空型美
学，中国形成虚实－关联型美学。西方美学是学科型美学，印度和中国
是非学科型美学。美学原理的写作在西方学科型美学中出现。随着世界
的现代化演进，西方学科型美学成为世界美学的主流形态，美学原理的
写作成为世界美学研究的主流方式。西方学科型美学在近代形成模式并
遍于全球，20世纪西方的科学和哲学升级产生了西方美学的升级模式。
西方美学的升级模式有利于重新激活非西方各文化传统美学，由此，世
界美学由三个场极的互动形成：西方近代美学、西方升级美学、各非西
方文化的传统美学。三者的互动形成了世界美学的多样性。
　　关键词：世界美学；美学原理写作；美学互动的三个场极

　　而今世界各文化中具有统一性的美学原理的写作，是人类审美活动和审
美意识一系列动态演进的结果，这些审美活动和意识还在继续的演进动态之
中。认清这一演进，以及目前世界美学的现状，或可推动美学原理写作的
反思。

## 一、人类之美的演进：由共同之美到三类美学

　　自从人类从工具制造所产生的奇迹和人体装饰所产生的新感受中升腾出
了一种新的感受，人类之美和美感就产生了，这一新感受把外在之物与内在

之感统一起来，成为最初的美。人类的美的观念随着仪式的产生而体系化，扩展到仪式的四大方面：仪式地点的建筑结构之美，仪式之人的身体装饰之美，仪式器物的精致之美，仪式过程的诗、乐、舞、剧、画合一之仪式整体之美。各种文字的"美"随之产生，甲骨文里有𦮼，年代稍晚的北美纳瓦霍人（Navajo）文有 hozoh，希腊文有 καλός，希伯来文有 yapha，梵文有 sundana，古罗马文有 pulchrum，阿拉伯文有 jamil。意大利语和西班牙语的 bello，法国语的 beau，英语的 beautiful，都与古罗马的语源有关，德语的 Schön 和俄语的 красивые 则另有自己的起源。总之，各个文化中"美"字的出现，是人类审美观念的明证。不同文化的"美"字关联着各自独特的美学内容，如萨特威尔（Crispin Sartwell）在其《美之六名》一书中考察了希腊语、希伯来语、纳瓦霍语、梵语、日本语、英语六种语言中的"美"①。不同文化的"美"字，透出的是世界各文化中既具有共同本性又多种多样的美。各文化的"美"及其所关联的语汇体系通向的是世界之美的整体。人类思想自公元前 800 年至公元前 200 年的轴心时代在世界三大地区——中国、印度、地中海，提升到理性层面，三大地区形成了三种理性思维方式：以古希腊的哲学思想为主，形成了西方的实体－区分型思维；以印度的见说思想为主，形成了印度的是－变－幻－空型思维；以中国的道论为主，形成了中国的虚实－关联型思维。三大地区的不同美学思想，即西方的实体－区分型美学（the substance-definitive aesthetics）、印度的是－变－幻－空型美学（the bhū-māyā-śūnyatā aesthetics）、中国的虚实－关联型美学（the void-substance and correlative aesthetics）由此形成。这三种美学中，西方的实体－区分型美学从柏拉图提出美的本质，到近代，在英国的夏夫兹伯里，法国的巴托，德国的鲍姆嘉通、康德的合力中，形成学科型美学。而中国和印度的美学都是非学科型的。中国和印度针对人类之美，基于自身特色进行理性思考，达到了与西方的理性思考在质上完全相同的效果，对西方学科型美学所论及的每一问题都有同样深刻的言说，只是没有以一种学科型的外貌独立地表现出来。三种文化的美学，在由西方人发动的世界现代化达到一定程度之前，各自在自身的范围内相对独立地运转，中国思想在东亚，印度思想在南亚和东南亚，西方思想在欧洲，各自产生了非常丰富的美学。比如，当我们按照西方美学的理路，以西方的美学著作为对照去找寻经典：在西方，有柏拉图《大希庇阿斯》、亚里士多德《诗学》、维特鲁威《建筑十书》、阿尔伯蒂《论绘画》、扎里诺《和声

---

① Crispin Sartwell, *Six Names of Beauty*. New York：Routledge, 2004，p. v.

规范》、布拉西斯《舞蹈法典》、柏克《论崇高与美》、鲍姆嘉通《美学》、巴托《论美的艺术之共性原理》、康德《判断力批判》、黑格尔《美学》等著作；在印度，可以看到婆罗多《舞论》《歌者奥义书》、埃哲布《画像度量经》、檀丁《诗镜》、婆迦王《庭院大匠》、摩诃钵多罗《工艺宝库》、恭多迦《曲语生命论》等著作；在中国可以找出《礼记·乐记》、刘勰《文心雕龙》、张彦远《历代名画记》、司空图《诗品》、郭熙《林泉高致》、王骥德《曲律》、计成《园冶》、金圣叹《〈水浒传〉评点》、李渔《闲情偶寄》、刘熙载《艺概》等著作。然而，不以西方为视点，而从印度和中国自身的方式去看，对印度美学的思考就会把我们引向四吠陀、森林书、往世书中的思想，在十五基本奥义书基础上扩展开来的数以百计的奥义书中的思想，以及佛教典籍、耆那教典籍中的美学思想，还有从印度特色来讲美学的专著，如波阇《艳情光》、世主《味海》、地天·苏克拉《味魅力》、四臂《味如意树》等；对中国美学的思考还应包括《周礼》《仪礼》等经书，正史上的礼仪志、祭祀志、舆服志等专志，以及从中国美学特色来讲美学的专著，如陆羽《茶经》、苏易简《文房四宝》、孟元老《东京梦华录》、张谦德《瓶花谱》、周家胄《香乘》、文震亨《长物志》、张潮《幽梦影》、许之衡《饮流斋说瓷》、王初桐《奁史》等。总之，对于印度美学和中国美学，在凸显其与西方美学著作相同的一面之外，还要彰显其与西方美学著作不同的一面，其美学特色方能得到应有的昭示。

西方美学与包括中国和印度在内的非西方美学的一个本质差别在于，西方人从实体－区分型思维去思考世界，将统一的世界分成了已知和未知两部分。其基本思想是，在整体上世界原则和框架可知，这是希腊诸神的世界和罗马帝国后期以来上帝所统一把握的世界。但在具体上，分为两个世界：已知世界是人按照实体－区分方式已经认知和业已掌握了的，体现为人类当下的知识体系；未知世界是当下知识体系中人所不知的，但是可以在已知世界中所得到的方法的基础上转化为已知。对人而言，已知世界是清晰之"有"，未知世界是模糊之"无"。美学作为已知世界的一部分，应当明晰而且可以明晰，西方的学科型美学正是在这一信仰以及由之而来的实体－区分型方法中产生的。与西方的世界二分相反，中国和印度的思想把世界看成一个统一体，人所知的明晰之"有"和模糊之"无"处在一种虚实相生、有无相成并不断转换的结构之中。在西方文化中具有本质性的从已知到未知的线性演进，在中国和印度人看来只是现象上的，虽然也重要，但不是最重要，最重要的是对世界整体本质的直接洞见。中国的"圣人"和印度的"见士"（Rsi），与西方哲学家的不同之处正在于这样的直接洞见能力，而一般人通过努力是可以成为圣人和见士的。从理论上讲，中国靠对"虚"和"无"的强调，印度靠对"幻"（māyā）和"空"（Śūnyatā）的强调，把西方人认为不能统一在一起的明晰之"有"和模糊之"无"统一在一起。因此，在中国的知识体系中，是用宇宙整体之道的形上之无，把现象中的有与无结合起来；印度的知识体系中，是用宇宙整体的梵之空，把现象中的是－变与空－幻结合起来。由于强调有与无、实与幻在现象上的结合，中国美学和印度美学是非学科型的。西方的学科型美学，彰显的是已知世界的有，而不能突出未知世界的无。要把未知世界的无当作与有一样的性质，将其引进学科体系，其知识方式必然是非学科的。在这一意义上，西方的学科型美学和非西方的非学科型美学，凸显了西方文化与非西方文化的差异。从这一方面来讲，美学是最能彰显和放大文化差异之学。柏拉图在《大希庇阿斯》中欲用追求美的本质的方式建立美学学科，但到这篇文章的最后，他哀叹道："美是难的。"近代西方在英、法、德学人的合力中，终于建立起学科型美学，但到 20 世纪，维特根斯坦的系列美学讲演对学科型美学进行了尖刻的嘲笑和猛烈的批判，透出美学对于人类思想和人类文化的深邃意义。

## 二、美学的演进：由多样各型的美学到统一的学科型美学

由西方人发起的现代化运动，经文艺复兴、科学革命、启蒙运动、宗教改革、海外殖民、工业革命等一系列变革，将现代化扩展到全球，也包括印度和中国，引发了印度和中国的现代化演进。各文化都以西方现代化思想为范例建立自己的现代思想体系，从而西方的学科型美学也成为包括印度和中国在内的美学领域的追求，即按照西方的学科型美学来建立自身的现代美学。在中国，19 世纪末和 20 世纪初，王国维、蔡元培、梁启超、刘师培等一批学人引入西方的学科型美学，开启了中国现代美学的建设之路。中国如此，其他非西方文化也是如此。世界的现代化演进过程，从美学来看，就是西方的学科型美学成为主流的进程，各非西方文化都按照西方的学科型美学的基本框架建立自身的现代美学，然而，在借鉴西方学科型美学的基本框架的同时，特别是中国和印度这样的传统深厚的文化，又要在自身传统中去寻求相关资源，在古今互动中去重建自身的现代美学。以中国为例，中国的现代美学就是在西方的实体－区分型的学科美学与中国古代的虚实－关联型的非学科美学的互动中创造出的实体－关联型的美学。在这一美学体系中，中国古代美学

的虚实结构被西方美学的实体结构取代了，但关联性质被保留下来，并按现代文化的需要进行了转换。

西方美学在鲍姆嘉通那里正式建立之时，就是以美与真、善的区分为基础的。主体的知、意、情与客体的真、善、美相对应：知乃求真，由之而来的是哲学和科学；意志求善，由之而生的是伦理学和宗教；情乃求美，由之而生的是美学和艺术。西方美学在康德那里完成时，仍旧贯彻的是实体-区分型思维。什么是美感呢？美感不是因感官享受而来的快适，不是因功利而来的喜欢，不是因知识而来的快乐，不是因道德而来的愉悦，而是超出感官、超出功利、超越知识、超越道德的，由这种审美之感（aesthetics）而来的学问就是美学（aesthetics）。鲍姆嘉通和康德都讲了，美感作为一种主体心理之感，表现在外就是自由艺术。自由艺术是西方中世纪对艺术的划分。在古希腊 τεχνη 指泛艺术，后来不被视为艺术的理发、几何学等，当时都叫艺术，因为都依照统一的法则（order）和规律（rule）来运行。中世纪的 ars 仍然是泛艺术，按照主要用手和主要用心分为两类：一是以动手为主的机械艺术（mechanical arts），有编织、装备、商贸、农业、狩猎、医学、演剧七种，建筑、雕塑、绘画被分在装备之中；二是以用心为主的自由艺术（liberal art），也有七种，即语法、逻辑、修辞、算术、音乐、几何、天文。在中世纪的划分中，动手艺术是低级的，用心艺术是高级的，因此，大学在中世纪产生后主要以自由七艺为教学内容。文艺复兴使艺术概念产生了重组，首先是绘画、雕塑、建筑从低级的机械艺术中区分出来，进入高级的自由艺术，被意大利人命名为 Arti del Disegno（心创艺术），由此开启了艺术观念的现代领跑。音乐、舞蹈、戏剧、文学等各门艺术在心创艺术的带动下——严格来讲是在与整个现代思想的互动中，开始了现代艺术的重组。在鲍姆嘉通和康德时代，现代艺术观念一方面把艺术与工艺技术区别开来，另一方面与科学、哲学区别开来，已经达到了相当的程度。从文艺复兴开始的艺术观念的转型，总的来讲，就是从中世纪的 ars（泛艺术）观念，经文艺复兴的 Arti del Disegno（心创艺术）到现代的 Beaux arts（美的艺术）。"美的艺术"在法国理论家巴托的《论美的艺术之共性原理》（1747）中得到完成——绘画、雕塑、音乐、舞蹈、诗歌（包括戏剧）五大类，区别于工艺型的技术和思想型的哲学，被定为"美的艺术"。主体心理因知、意、情的区分而来的美感，外化为实体性的美的艺术。"美的艺术"经巴托的本质性完成，从西方的主要语言——法语的 Beaux arts、英语的 Fine art、德语的 Schöne Kunst，迅速扩展为西方的各种语言，成为整个西方的共同观念。"美的艺术"体系经法国百科全书派和德国思想家的进一步推进，定型在建筑、雕塑、绘画、音乐、舞蹈、文学、戏剧七大门类上，并成一种区别于真、善的专门之美。因此，美由美感而得到主体内心的明证，美感外化为美的艺术而得到客观上的明证，在西方的思想主流中，如黑格尔所讲，美学就是美的艺术哲学。哲学即理论，物理学作为物理之理论叫自然哲学，美学作为美的理论叫美的艺术哲学。"美的艺术"由Beaux art 简化为 Art，再简化为 art，美的艺术哲学就成了艺术哲学。虽然西方美学的主流是美学即艺术哲学，但西方美学的基本框架是三个部分：一是美的本质，所有的美的现象都由这一本质来决定，因此关于美的本质定义，是任何美学原理的首要部分；二是美感，这是美的主体基础，也是美在主体心理整体中可区分出来的实体；三是艺术，这是美感的外在化，也是美的最典型体现，艺术和美感相互关联。不同时期美学界关注的重心各有侧重，但这一美学原理的总体框架是不变的。

在西方美学向全球扩张，同时各非西方文化建立自己的现代美学的进程中，这一西方美学模式得到移置和化用，但移置和化用又经历了一个十分复杂的过程。以中国为例，中国一方面接受了西方美学的基本框架和实体观念，另一方面又拒绝了西方的区分观念，而坚持着中国的关联观念，如李泽厚的《美学四讲》（1989）坚持美是真和善的统一。其他非西方文化的现代美学也是如此，都在西方美学与传统美学的互动中重建自己的现代美学，这些非西方文化的现代美学虽然有种种不同，但有一点是共同的，这就是以西方的学科型美学为基本框架，来进行自己文化与西方文化的互动，西方美学的基本框架成为全球美学的统一外在形式。

## 三、西方美学的升级与全球美学的新貌

美学关联到人类理性最深之处，也是人类理性最难解决的问题，不妨再把举过很多次的事例再举一遍：面对一朵花，说它是圆的，大家必须同意，不然就错了；说它是红的，大家也必须同意，不然就错了；说它是美的，有人说不美，大家不能说是错的，顶多说其审美观不同。美的微妙正在于这不同观念却不能判断对错之处。由此可知，美学作为理论在面对美的现象时，将遭遇很多困难。中国美学和印度美学之所以自轴心时代之理性觉醒起，就没有建立学科型美学，正是因为看到了这一困难，从而用了自己的方式较为完美地解决了这一问题。但是中国的虚实－关联结构和印度的是－变－幻－空结构对美学问题的解决在外在形式上是非学科型的，从而是不显著的。在两

种美学最初的互动中，特别是当西方文化以政治、经济、科技、文化的整体强势作为后盾支持对人类之美用学科型方式去研究时，在世界现代化的演进中，西方的学科型美学成为世界的普遍性知识形态。

　　然而，西方的学科型美学是在古希腊的亚里士多德逻辑学、柏拉图理念论、欧氏几何，文艺复兴时期的实验科学，以及由之发展而来的牛顿力学基础上形成的。20世纪西方以相对论与量子论为代表的科学升级，以分析哲学、现象学、精神分析为代表的哲学升级，促发西方的学科型美学同向而行，美学基本框架中的三大方向也产生了变化。第一，美的本质问题被分析美学认为是一个伪问题而被否定了，取而代之的是关于美学主要概念和言说的语言分析，一句话，关键词研究代替了美的本质研究，美的本质问题变成了关于"美"这个词以及由之而来的词的体系扩展、转换及其语境关系的语言、命题、语用、游戏之话语问题。第二，在美感上，随着对感性研究的深入，审美的眼、耳与非审美的其他感官的本质区别被取消了，桑塔耶那的《美感》（1896）是其标志。随着主体心理无意识的揭示，美感的功利与非功利关联被深化了，体现在精神分析学派的系列美学论著中。随着第二次世界大战后的经济起飞和消费社会的到来，城市、街道、办公、购物、家居、商品包装等开始了系列性和普遍性美化，美感的非功利与功利的差异以多种方式被改变和抹平，近代美学关于美感的非功利定义被批判。第三，在艺术上，随着现代艺术的出现、多样化与扩张，艺术已经不是与生活、政治、文化等各领域区别开来的美，而是与之紧密关联起来的美。西方理论家在艺术与其他领域的关联上区分出大众艺术与先锋艺术，大众艺术就是与各生活领域紧密关联的艺术，先锋艺术也非专为追求美感，而是突显强调社会批判、政治批判、思想批判的功能。艺术的目的是追求美，而且体现为纯粹的和典型的美，这样的观点被修正和改写；近代确立的美学即艺术哲学的主流认识在20世纪末期随着环境美学、身体美学、生活美学的出现和成势而被推翻，美学在形态上已经不再是纯粹的艺术哲学了。

　　西方美学20世纪以来的变化，源于科学和哲学升级的影响。极有意思的是，这一西方的思想升级，其结果却与中国和印度的传统思想产生了更深的契合。西方自古希腊以来的思想中，原子是最小的不可分的实体。20世纪的量子论中，原子被进一步分为粒子，粒子呈现的不是实体性质，而是虚体性质，具有虚实相生的结构；相对论中，质、能一体，质量与能量是相互转化的，一个质、能一体的事物，也是一个虚实相生的结构。量子论和相对论，与中国的气论有了一种在虚实结构上的契合。西方自古希腊以来的思想，本质是由排斥时间上的变化而来的空间上的不变，因此，西方理论重空间性，轻时间性，时间上的变化只是为了认识空间性的本质。20 世纪的相对论却认为时间、空间是一体的，时间具有更为重要的作用，光速使物体产生了与非光速下现象上的不同。因此，西方古典的存在论在 19 世纪末变成柏格森的《时间与自由意志》，在 20 世纪初成了海德格尔的《存在与时间》，在 20 世纪末成了巴迪欧的《存在与事件》，这些著作都强调时间的作用，与印度强调时间的"是"同时就是"变"的"是、变一体"思想，有了更多的相似性。西方从近代艺术向 20 世纪的现代艺术和后现代艺术的变化，在一定的意义上都是从实体型艺术向质、能互变虚实结构的变化，以及从几何型空间向时空一体相对论的变化。

与之相随，美学上的变化也与世界整体结构的变化互动。在科学和哲学升级带动下的西方美学的演进，具体来讲非常复杂，但总的来讲可分为两个方面。一是在科学和哲学提升中的相应转型，体现为一系列新型美学的产生。从美学本身看，有与近代美学定义的美的本质相反的分析哲学，与近代美学定义的美感的本质相反的自然主义美学和后现代消费文化美学，与近代美学定义的艺术本质相反的大众美学。从思想的关联看，有从哲学上强调时间性的存在主义美学，如海德格尔的《论艺术作品的本源》；有从科技上强调时间性的理论，如维利里奥的《是－变美学》；有强调虚实相生结构的精神分析美学和结构主义美学。二是在近代美学的基础上的相应调适。除了用审美对象的本质来替换美的本质，在美感和艺术上都坚持近代美学的基本原则，比如苏珊·朗格的符号学美学代表作《情感与形式》《艺术问题》；把区别于现实的情感的形式作为专门的艺术美感，如杜夫海纳的《审美经验现象学》，坚持只有在艺术中美才能本质地体现出来。因此，西方美学在 20 世纪的思想升级有两大方向。一是从思维方式上的区分与关联角度看，有坚持区分型思维的，把美学问题与其他问题区分开来；有改用关联型思维的，把美学问题与其他问题关联起来。可以把区分和关联作为美学研究的两极，其相互作用产生了各种各样的中间类型。二是从实体结构和虚实结构看，有坚持实体结构的，即认为美学问题都可以定义；有改用虚实结构的，即认为美学问题既有可定义的一面，还有不可定义的一面。可以把实体结构和虚实结构作为两极，其相互作用同样产生了各种各样的中间类型。

总而言之，西方美学形成了两套模式，一是从文艺复兴到 19 世纪末形成的近代模式，二是受 20 世纪科学和哲学升级影响并与之互动而形成的新模式。就西方美学对非西方各文化的影响而言，首先是近代模式的持续影响，它成为非西方各文化中现代美学的框架。非西方美学对西方美学的接受首先是对西方近代美学的接受，这一接受使西方近代美学成为具有普遍性的美学。然后是西方升级模式对非西方各文化中在西方近代美学框架基础上形成的非西方现代美学的不断影响。后一影响以多种多样的方式五光十色地呈现出来。如果说西方近代美学对非西方传统美学具有抑制性影响，那么，西方升级美学对非西方传统美学则形成一种新的释放动力。对于非西方美学来讲，这两种西方的影响与非西方各文化的传统美学形成了一种由三个极点带来的非常多样而复杂的场域。不从西方角度，也不从非西方角度，而是从世界整体的角度看，这三个极点的非常丰富的相互作用构成了世界美学的现状，也是我们读解世界美学原理论著的基础。

# 中国美学原理：著作类型与历史演进

浙江师范大学人文学院　　林华琳

摘　要：20世纪80年代至21世纪20年代的40年时间里，中国现代美学研究经历了学科建立、成熟、转型和多元化的过程，在美学著述的历史实践中不断建构学科理论基础，形成客观类型和范式特色。通过对此期间出版的493部中国美学原理著作进行统计分析，以谱系学、类型学的思想方法分类描述，把握其历史演进中的多样性与总体性，可以勾勒出中国美学原理的整体面貌。客观上，标准体系型、专题方面型、流派方法型、普及通俗型四大基本类型交织互渗，共享理论话语，在内形成类型关系，在外构成以"体系性"为核心的中国美学原理。不同历史时期诞生的10部代表性著作，串联起近百年中国美学发展的线索，凝缩着40年学科的快速跃进与蜕变，以世纪之交为关节，理论普及、教材建设、哲学探索、文化研究，先后成为中国美学发展的新动力。在与旧传统、新思想、新现象的持续对话中，一种更关注人的整体性生存与实践的全球化美学正在新历史节点上酝酿生成。

关键词：中国美学原理；类型；历史演进；1980—2020

"中国美学"作为术语具有多义性，包括中国古典美学思想，晚清以来中国引进西方美学而来的作为近现代学科的美学，基于中国美学资源和经验建设的区别于西方的"中国美学"。① 第三重意涵既指出中国美学是世界美学地图的新板块，也提出了中国美学建设获取自身独立性的必由之路。建立一个学术领域，原理是基础，中国美学原理是改革开放以来的现代中国美学研究与学科建设的关键部分。学界对改革开放以来中国美学研究发展的基本线索

---

① 尤西林：《美学原理》，高等教育出版社，2015年，第6—7页。

论述已比较清晰——以马克思主义哲学为基础的实践论美学是枢轴，围绕其核心观点和基本问题进行多角度讨论和完善。20 世纪 80 年代以来大致形成了"（老）实践美学""后实践美学""新实践美学"三个互动并进的阶段流派代表。这一基本认识主要是通过典型的理论观点举隅得出的。但实践哲学并不等于实践美学，正如西方美学不能成为中国美学，中国美学是一个在演奏中不断谱新的多声部乐章。早在 80 年代，李泽厚就谈到寻求真理的多元化问题："学术作为整体，需要多层次、多角度、多途径、多方法去接近它、处理它、研究它。或宏观或微观、或逻辑或直观、或新材料或新解释……他们并不相互排斥，而毋宁是相互补充、相互协同、相互渗透的。真理是在整体，而不只在某一个层面、某一种方法、途径或角度上。"[①] "美学亦应如此。"[②] 这是"美学热"中一个清醒的判断和期许，也揭示了当代中国美学的多元共生特色。20 世纪初，西方美学观念传入后中国美学原理就开始了孜孜以求的自身建构，20 世纪末学术传统得到赓续，整体局面焕然一新，40 多年的历史演进，数以百计的著述涌现，自发形成了集群类型、著述范式，客观的中国美学原理发展面貌正由此显出。结合量化方法，在谱系学、类型学视野下基于 2002 年以前资料进行的研究，以刘三平的《美学的惆怅——中国美学原理的回顾与展望》（2007）、张法的《20 世纪中西美学原理体系比较研究》（2007）两著为代表。随着学科发展、认识完善，在新的社会历史节点上，这一问题值得重审和续写。本文不拟列举评说诸家得失，而是希望通过中国美学原理著述统计，归纳基本类型，勾勒历史演进趋势，接近整体层面的真理。

## 一、1980—2020 年中国美学原理著作概况

美学原理著作的判定随着学科发展和著作产出而总处于动态平衡之中，要准确定位学科思想动向、论著写作特色须不离此。本研究将中国美学原理著作初步定为：中国美学研究者从总体或某一专题方面、流派方法对美学基本问题进行论述的学术著作。通过查询统计，得到 1980 年到 2020 年间 493 部中国美学原理著作出版信息，兹分类如表 1。

---

① 李泽厚：《走我自己的路》，生活·读书·新知三联书店，1986 年，第 20—21 页。
② 李泽厚：《美学四讲》，生活·读书·新知三联书店，1989 年，第 13 页。

表1　1980—2020年中国美学原理著作类型演进统计表

单位：部

| 类型 | 时间 | | | | 合计 |
| --- | --- | --- | --- | --- | --- |
| | 1980—1989 | 1990—1999 | 2000—2009 | 2010—2020 | |
| 标准体系型 | 48 | 63 | 60 | 43 | 214 |
| 专题方面型 | 20 | 28 | 38 | 15 | 101 |
| 流派方法型 | 8 | 15 | 40 | 27 | 90 |
| 普及通俗型 | 14 | 6 | 27 | 41 | 88 |
| 合计 | 90 | 112 | 165 | 126 | 493 |

注：本文对1980年至2020年中国大陆学人编著美学原理著作的情况进行搜集整理，以中国国家图书馆线上查询为手段，用"美学""审美""美感""美的"等题名关键词搜索，结合内容特征筛选。具体问题和单个范畴的研究，如美学史、学术史研究，已经独立成学的美育学、文艺美学、艺术美学、休闲学等论著、论文集和译著不在本文讨论之列。

493部著作形成了标准体系型、专题方面型、流派方法型、普及通俗型四个基本类型，四型分享着一个内在共同视点，即美学原理著作是有一定学科规范、一定体系结构即基本问题框架的，这就是"体系性"。诚如张法曾指出的，"什么算美学原理著作，什么不算，其标准，不是看有没有一种可以推出一套美学原理的理论核心，也不是看是否已经形成了一套美学原理体系，而是看愿意不愿意把自己的理论从学科的角度，形成一种带有普遍性的美学原理，能够从内容（有一个体系结构）到形式（有一个原理式的书名）都把自己放到一种学科的标准套路上去"①。四大类型交叉互渗，各型内部又有细微差异。其中标准体系型著作独占鳌头，产生了214部，一般从美学、美、美感、艺术、美育五个方面展开。专题方面型有101部，对主要方面作专题论述和延伸。流派方法型有90部，这一型著作长于借助和创造新的思想方法阐发美学原理，借用他山之石的如张志国《审美的观念——胡塞尔现象学为始基》（2013），表现出流派创新意识的如吴炫《否定主义美学》（1998）、孔智光《理想美学》（1992）等。普及通俗型有88部，以朱光潜《谈美》（1982）为代表，有的类似标准体系型，但以简明和通俗的语言、具体的经验事象说理。

在历史演进中看，20世纪80年代以来中国美学原理著作出版量总体呈先

---

① 张法：《20世纪中西美学原理体系比较研究》，安徽教育出版社，2007年，第36页。

上升后下降的态势。第一个十年以标准体系型著作为主，专题方法型和普及通俗型著作也有相当的数量，但流派方法型未成规模，仅有 8 部（8.9％）；第二个十年标准体系型著作达到高峰，有 63 部，占整体的 56.3％，同时流派方法型著作出版量增加到 15 部（13.4％），超过普及通俗型；进入 21 世纪，第一个十年出现了中国美学原理著作出版的高峰，著作总量大增，在标准体系型与 20 世纪 90 年代基本持平略有下降的情况下，流派方法型增加到 40 部（24.2％），其他两型也有不同程度的增加，初步形成了四型较为平均的局面；2010 年以后数量有所回落，只有普及通俗型著作增加到 41 部（32.5％），接近标准体系型，从整体趋势来看或意味着中国美学原理在前一个十年多面开花后，体系已趋于稳定，理论创新放缓，积极谋求普及。中国美学原理写作在 40 年中两度走向繁荣，但也又一次进入了过渡转型时期。

## 二、标准体系型中国美学原理著作概况

### （一）基于数据的基本面貌

中国美学原理的体系架构并不是一家之言，没有已给定的路数，美、美感、美学、艺术等基本概念作为问题也有多种表述方式。"标准体系"是著述实践集合内含的一个观念形态，通过对 214 部标准体系型中国美学原理著作进行类型划分和主要内容分析，可以获得初步认识。

相对而言，书名能最直接地反映体系性特征，据此统计得到表 2，除去其他类 41 部著作，余下 173 部著作中，以"审美"为名的有 23 部，冠"美学"之名的各类原理、概论、导论、纲要等则有 150 部，这说明以"美学"为学科名义归属的认识占主导，但谋求建立以审美为中心的"审美学"已成不可忽视的现象。诸作的一个典型特征是以"教程（包括'大学美学'）"为题的很多，还有无其名而实为教材的，可见中国美学原理体系建构为学科教学服务始终是一个核心考量。此外按从多到少顺序排列，依次为单名"美学"的著作、"基础"类著作、"原理"类著作、"概论"类著作、"纲要"类著作、"导论"类著作。

表 2 1980—2020 年中国美学原理著作标准体系型演进统计表

单位：部

| 书名 | "教程" | "美学" | "审美" | "基础" | "原理" | "概论" | "纲要" | "导论" | 其他 |
|------|--------|--------|--------|--------|--------|--------|--------|--------|------|
| 数量 | 33 | 29 | 23 | 22 | 21 | 16 | 15 | 14 | 41 |

注："概论"类中包括"概述"1 部，"概念"1 部，"通论"3 部；"导论"类中包括"引论"5 部；"纲要"类中包括"提纲"1 部，"论纲"3 部；"基础"类中包括"基本"2 部；"教程"类中包括"大学"3 部。

考察其中可能最具体系完整性的"美学""原理""概论"类 65 部著作（1 部内容不可考），分析为表 3，庶几可呈现中国美学原理标准体系在写作实践中形成的内容。

表 3 1980—2020 年标准体系型中国美学原理著作主要内容统计表

单位：次

| 时间 | 主要内容 | | | | | | | | | | |
|------|----------|----------|----------|----------|----------|----------|----------------|------|----------------|------|----------|
| | 美学学科论 | 美的概念 | 美的形态 | 审美活动 | 美感经验 | 审美类型 | 艺术论（艺术美） | 形式 | 审美的人生价值 | 美育 | 审美文化 |
| 1980—1989 | 13 | 15 | 15 | 3 | 16 | 13 | 12（3） | 3 | 1 | 9 | 2 |
| 1990—1999 | 9 | 8 | 8 | 3 | 8 | 9 | 4（4） | 5 | 1 | 7 | 1 |
| 2000—2009 | 18 | 18 | 18 | 15 | 17 | 20 | 17（3） | 6 | 7 | 11 | 8 |
| 2010—2020 | 12 | 12 | 12 | 8 | 11 | 15 | 9（4） | 6 | 1 | 13 | 4 |
| 合计 | 52 | 53 | 53 | 29 | 52 | 57 | 42（14） | 20 | 10 | 41 | 15 |

注："艺术论（艺术美）"一栏，看著作是否在艺术论部分有门类等艺术活动具体内容的展开，如汤龙发著《美学新论》（1987）区分艺术美的种类，若只对与自然美、社会美等美的形态并列的"艺术美"基本特征的简要说明，或没有对艺术的独立论述，如胡连元主编《美学概论》（1988）以"美在艺术创造中的作用"来谈，则在括号中另计，以呈现两种形式的关联并保留具体情况的复杂性。

表 3 显示的一个较不寻常的现象是，没有一项内容会在大框架中必然出现。所有内容出现频率最高也是最接近的几项，从高到低依次是"审美类型"（57 次）、"美的概念"（53 次）、"美的形态"（53 次）、"美学学科论"（52 次）、"美感经验"（52 次），相对于 65 部著作的基数都还留有较大空间。这 5 项内容构成了一个相对稳定的美学原理经典体系，其核心是对美学、美、美

感的阐明，"艺术美"往往附见于"美的形态"。这一体系形而下层面的展开相对次要，体现在"艺术论"（42 次）、"美育"（41 次）中。

这里还有如何命名内容的问题，譬如在表中归为"审美类型"的，蔡仪《新美学》（1985）称"美感的种类"，陈望衡《当代美学原理》（2003）、顾永芝《美学原理》（2008）称"审美形态"，较多的著作则如蒋孔阳《美学新论》（1993）一样称作"审美范畴"。但至少其具体内容基本清晰。更复杂的是"美感经验"或曰"美感论"与"审美活动"的交缠，"审美活动"出现 29 次，其中 18 次是与"美感"并列的，不过一般为了避免与美学的研究对象或者美的概念混杂，更多著家还是采用"美感""意识""心理""经验"之名。但这也可能造成一种暗示，即在理论的解释上审美活动只是一种思维和精神活动。折中的方式是用"审美体验"代替，说明"日常体验与审美体验互相渗透、彼此成全的关系"①，不过话语本身已揭示了一种对立，在实际论述中诸作对"感物"层面的阐发仍十分简略。出现最少的是"形式"（20 次）、"审美文化"（15 次）、"审美的人生价值"（10 次）。形式通常作为"形式美"与诸美的形态并列出现，蒋孔阳《美学新论》（1993、2007）把"美与形式"放在"美论"下第二条，把形式作为美的重要因素看待，已经涉及形式美的独立意义。"审美文化"方面主要涉及的是美和审美在人类社会上的起源、发生问题，而不止于介绍发生学说，例如王旭晓《美学通论》（2000）、邢建昌《美学》（2004）从原始艺术、审美意识形成说起，但这也只是审美文化论的基本问题之一。

从历史演进来看整体情况及最后一项，首先是以美学、美、美感、审美类型、艺术、美育六个内容为主建构标准体系，至少在 20 世纪 80 年代中后期已基本明确。艺术论、形式、审美文化等具有内在独立性的问题在进入 21 世纪后重视程度有一定上升但还不够。这里列出的"审美的人生价值"，与偏于美学应用的"美育"有交叉，但应指更广泛的审美的终极价值，如朱光潜《谈美》（1932）最后一章"人生的艺术化"，又如朱立元《美学》（2001、2006、2016）在"美学的基本问题"章中别设"审美与人生"一节。

（三）十部中国美学原理代表著作述评

基于体系性的辩证认识，在标准体系型及其面向大众的变相普及通俗型著作中有十种中国美学原理著作脱颖而出，跨越了 40 年乃至近百年时间，脱

---

① 王一川：《美学原理》，中国人民大学出版社，2015 年，第 58 页。

胎于不同时期的思想范式，呈现中国美学原理发展至今的内在类型特征。分别为 1932 年初版并在 20 世纪 80 年代重印的朱光潜《谈美》（1982），新中国成立前已有而在 80 年代改写出版的蔡仪《新美学（改写本）》（三卷，1985、1991、1995）；① 80 年代中诞生的王朝闻《美学概论》（1981）、李泽厚《美学四讲》（1989）；21 世纪第一个十年的代表作是朱立元《美学》（高教三版，2001、2006、2016；自考两版，2007、2019）、周宪《美学是什么》（2002）、杨春时《美学》（2004）；第二个十年的代表作则有尤西林《美学原理》（马工程教材，2015）、张法《美学导论》（1999、2004、2011、2015），王一川《美学原理》（2015）。这十种著作合起来看，基本覆盖了一个最全面的美学原理体系的各部分，包括八个内容单元：美学学科论、美学哲学论、形式美论、审美现象论、审美类型论、艺术论、审美文化论、美育论。从体系结构、内容特征看，十部著作分为四类：朱光潜著和周宪著都属于普及通俗型著作，同时在艺术论、美育论和理论话语特色上相通；蔡仪著、王朝闻著、朱立元著、尤西林著是最典型的教材型著作；李泽厚著和杨春时著，虽在体系和内容上差异很大，但都可归为哲学型著作，重点讲美的哲学，同时有突出的流派美学特征；王一川著和张法著可归为文化型著作。

1. 代表著作中各内容单元有无变化

有无之变，更出迭入，而未尝离道。从各著对八个内容单元的不同处理中，可以看到中国美学原理的内容边界和结构张力，下面分论阐说，重点分析争议大的问题和有特点的著作。

美学学科论方面，首先开始比较完整地谈论美学是什么以及学科历史、哲学基础的是蔡仪的著作，这之后先从学科角度来确定美学原理著作写作范围和研究对象就成为惯例，不过多以导论、绪论形式出现，到张法《美学导论》2015 年版中，则在篇幅和内容上都成为中心，把美或审美的本质、美的特征等原归美学哲学论的问题都放在学科的史论中说明。一个区分要点是中国美学有没有进入学科论，1999 年以来的著作中基本有所考虑，但具体到中国古典美学史，则只有朱立元、周宪、杨春时、张法的著作较为明确。整体呈现出以西方美学学科史为主干，汇入 20 世纪以来中国的情况，略及或附论

---

① 朱光潜另著《谈美书简》（文艺出版社 1980 年版）从马克思主义哲学和美学的角度重审、回应一些美学问题，对原有观点进行辩护和重构，实为美学理论文章集而不是体系性的美学原理著作。朱光潜著《谈美》和蔡仪著《新美学》虽为新中国成立前的著作，但在 80 年代及以后的中国美学原理写作中依然具有代表性和深远影响，并且后者经重要改写重新出版，因此两书计入本文各表中，80 年代以前其他著作不计。

古典美学线索的写作方式。

美学哲学论主要涉及两个方面，一是美或审美的本质、特征问题，二是美的形态，或曰审美对象的类型问题。美的本质问题是苏联美学体系的核心，新中国成立前的《新美学》体现这一点，经过改写后则有对旧著根据苏联美学理论单独谈"美论"，明确定义"美的本质"的漏洞的补救意义，增加了由史出论的特色，同时不只批判西方主观的、美感论的美学，还加入了对苏联美学的批判，重述马克思理论原著的美学思想，提出美在于事物的客观规律、美即典型的观点。前已提到，对美的讨论可以纳入学科论下，但苏联美学模式依旧对中国美学原理单辟美的本体讨论单元产生了深远影响，无论是 20 世纪 80 年代实践美学范围内的王朝闻、李泽厚，还是实践美学之后的杨春时、尤西林，都对之进行单独论述。美的具体形态普遍展开为自然美、社会美、技术美、艺术美、工艺美等，其实亦体现出苏联美学、实践美学在真善美合一基础上谈美学的根本立场。存而不论的则像朱光潜、周宪这样体现西方分离型艺术美学模式的著作，以美感经验和艺术美论为核心，但毕竟因体系性缺乏而未能成为主流。最终审美活动论著作保留和转化了体系，如朱立元著指出美学研究的对象是审美的"关系、现象、活动"，不突出"客体的美"的类型。形式美论与美学哲学论从都涉及美学形而上问题来说是并列甚至可以合论的，但形式美往往与艺术美并列或者直接作为艺术技巧、艺术品的特征而被提到。"形式"引起的"形式主义"联想可能也是早期著作对其敬而远之的原因，王朝闻就把格式塔心理学的视知觉完形作用看作形式主义的神秘论[1]。对形式作独立完整表述从周宪开始，不仅区分了内、外形式，还强调了形式感等美学、艺术中有关形式的重要观点，实际上用形式论部分代替了美学哲学——在周著中主要是艺术哲学论，回应了杜尚的诘难。到张法著作，则进一步把形式美论提升到本体论的高度，其 2015 年版明确用"形式美的基本法则"替换和统一了前三版的"美的宇宙学根据"，指出物我同一的审美感受产生可从人与宇宙的同一性上得到根本的解释，而在西方美学的词汇中则系乎贯穿了现象到本质的"形式"概念。[2] 重视形式美论，对于厘清本质问题、讲好审美对象和形象问题有很大意义。

审美现象论与审美类型论，都可以归入美感论麾下，这可能也是各著内容相似性最高的部分。在内容同质化程度较高的情况下，一个区分点是 20 世

---

① 王朝闻：《美学概论》，人民出版社，1981 年，第 105 页。
② 张法：《美学导论》，中国人民大学出版社，2015 年，第 184 页。

纪 80 年代的著作往往以美感论命名，而进入 21 世纪以后，则力图超越审美心理学范畴，从只关注内在的审美意识过程，到论述主体之感与客体之美双向生成和同一，分析审美欣赏、创造、批评诸活动过程。如朱立元先讲审美活动，再讲审美经验，或杨春时先讲审美解释，再讲审美意识，或王一川讲审美体验，或杨春时专章讲审美解释，等等，体现出审美现象论的丰富性。审美类型是从对历史文化沉淀过的审美现象进行归纳得出的，通过不断归并获得统摄力和形成层级，但每个审美类型或范畴总带着特定的文化烙印。从中国美学原理的写作潜在立场出发，至少应有中国的和中国以外的（一般是中西对照）两种情况，实际有三种处理方式：一是只列西方审美范畴，如蔡仪、杨春时、张法等，但在例说时兼包中国的内容；一种是中西并举，如朱立元、周宪、王一川，尤西林则以西方为主，涉及"天然"；一种是从逻辑上概括，杨春时分肯定性、否定性来讲，张法从二元对立展开三大层级。这其中，王一川、张法立足经典系统，吸收了现代类型。与审美经验类型不同还有李泽厚的审美能力形态区划：悦耳悦目、悦心悦意、悦志悦神①。这与李著哲学型写法和情感本体立场有关，但也可看作审美对象的层次论。总体上各著作以西方审美类型为主，中国审美类型由于具有体用不二、主客不分、精练字词与群落型语汇并存互换的特点，其自身结构与西方二元对立型范畴论根本不同，很难相融。反过来再看李泽厚所讲的，与朱立元美学所列出的中国古代基本审美范畴"中和、神妙、气韵、意境"也有对应，而尤西林单举"天然美"，王一川举"阳刚与阴柔""典雅与自然"等，诸说不一，去取在人。

艺术是美学不能回避的基本问题，但对于原理著作，也有没有独立艺术论的，如蔡仪改写本中取消了初版的门类论内容，张法著作作为"导论"也没有独立的艺术论，但以关联型美学的思路在诸论中结合区分型的艺术美学的现象内容来分析。在保有艺术论的诸作中，设置门类论的只有王朝闻、王一川两著。美学原理中对艺术的讨论一般以艺术创造、艺术作品的层次、艺术家为主。艺术论内容较为松散，一方面说明艺术论是美学原理中既关键又相对独立的部分，可以灵活处理；另一方面说明艺术定义的困难在杜尚等当代艺术家揭示后形成的巨大冲击长久回荡，2000 年以后的美学原理无法避开，艺术论是否要转向艺术史论，在美学原理中如何表述，成为新的问题。

审美文化论属于美学原理体系中较晚出现的板块，主要包含审美文化的

---

① 李泽厚：《美学四讲》，生活·读书·新知三联书店，1989 年，第 155 页。

特征、起源、类型三个内容。李泽厚著、朱立元著中已讲到审美活动、艺术在原始社会发生的问题，尤西林著也在美学历史中涉及了古代形态。但十位著家中只有杨春时、王一川、张法相对充分完整地正面谈论审美文化。杨春时的审美文化论是对审美文化性质、起源、现代性、历史发展规律的哲学演绎，王一川从历史、演变、主体的角度划分审美文化形态，张法分不同性质的美的文化模式来谈。由于原理与文化内在的矛盾性，审美文化论的出现和独立实际上标志着中国美学原理著作内部分化和类型建构的新动向。

美育论在美学原理中属相对次要或被忽略的，因其一般被视作实操问题，距离原理较远，作为教材的美学原理著作往往有美育论，而标准的美学原理著作不必有。朱立元著、杨春时著、尤西林著、王一川著有此栏目。其中朱立元认为，审美本身对于人生就是一种"培育"，美育是美学理论走向实践的桥梁，是美学研究的目的和归宿，美育不等于艺术教育或增加修养的手段，而是全面影响、提升人的生命境界。[①] 此观点实际道出了美育与审美的体用不二。他不仅始终把美育放在美学基本问题的架构中，还在美育论之外专设"审美与人生"来探讨超越狭隘审美的广阔的人生审美境界。朱光潜、周宪也是从此广义的美育即审美与人生的角度展开阐发的，这一问题由于内容趋于泛审美化而往往被美学原理体系排斥在外，而其特出却体现着中国古典美学精神，周宪引王夫之的话体现了这一点，"能兴者谓之豪杰"（《俟解》）。

2. 普及·教材·哲学·文化：类型和阶段的关键词

十部著作就有四种差异较大的类型以及具体丰富的可比性，这是在中国美学原理研究整体演进中形成的。普及、教材、哲学、文化，不仅是类型特征，也有一定阶段性标志意义，同时代表中国原理发展的四个关键方面。

《谈美》是最早一批出现的中国现代美学原理著作，作为普及型的简论，跨越近百年至今为学界内外称道，这一方面由于学科发展的客观规律，另一方面也体现了中国美学原理著作不是先作为深沉的哲论或高头讲章面世的，雅俗共赏的内容、亲切的信件体对话谈说形式，兼具私人性和公共性的话语，都与中国文艺理论的古典传统一脉相承。周宪《美学是什么》的内容架构也显然受其影响，不过其重艺术论，与朱光潜以美感论为艺术论而全书实为审美心理学的著述不同，周宪在古今中外艺术现象的具体谈论中把审美过程、美感类型、艺术创作和艺术本体论都讲出来，写成了艺术鉴赏型的著作，更具西方特色。

---

① 朱立元：《美学》，高等教育出版社，2001年，第64页。

　　教材型著作在 20 世纪 80 年代以来就是中国美学原理写作的重点。大部分著作都有服务于教学的写作意图，而表现出典型教材特征的，则可谓是诸作中持论最为平允，相对也最鲜明和全面地呈现理论体系的诸作。蔡仪著、王朝闻著、朱立元著、尤西林著，算上版本更新，加上朱立元另编的自考教材，足有九种，体现了大半个世纪的阶段演进，整体表现出几个特征：一是美学学科论的增加和成熟，以绪论或导论放在全书最前面；二是从美的本质论走向审美或审美活动的本质论；三是美感论部分成为全书的重点，审美现象论和审美类型论往往兼顾中西，理论要点相对全面；四是艺术论部分把门类论拿出来不讲；五是把审美起源问题和美育论放进体系。朱立元主编的《美学》是这一类的典型，其版本变化进一步说明了中国美学原理教材编纂的复杂考量。每次修订变化最大的还是在导论部分，由于取消了美学哲学论，原本导论的主题呈现为审美现象、美学史、学科论的错综，到第 3 版形成了以学科为中心的导论模式，覆盖学科性质、学科史、学科背景，凸显了美学学科的历史生成，结合考古发现对原始先民审美意识的论述也更客观了。另一个修订重点是审美形态的中国古代部分，2006 年修订版中增加了"神妙"，实质是从初版的按范畴史演进组织的思路转变为以"道"为元范畴构建逻辑框架，这是一个本质性的变化。自考用著作本就是中国美学原理教材中数量众多的一类，试以朱立元主编的两个版本例说。自考版主要是明显约化了绪论（导论）、审美形态论，比如减少了前述中国古代审美形态部分，而相较之下增加的是艺术论的比重，放入了高教版中没有的艺术形态内容，也即艺术门类论，2007 年版中艺术论分两章详说创造问题，在 2019 年版进行了整合并增加了艺术的功能，审美教育论也改为艺术教育论。总体来说，教材型著作演进中表现出追求内容凝练、逻辑提升和体现中国特色的意识，自考教材则更强调明晰和理论指导实践的意义。

　　哲学型的中国美学原理著作，以李泽厚著和杨春时著为代表，面对美学学科客观存在的分化，在形而上的美的研究，与审美现象相关的心理学美学、艺术社会学等多种方面和路径中，选择了传统意义上的美学，关心本质的定义和统摄差异性现象的规律，这样依然能够覆盖美学、美、美感、艺术四个方面。杨春时还费了很大笔墨把 21 世纪以来受到关注的审美文化、美育和审美功能也纳入了体系之中，讲定义、性质、原则、根据，等等，形成完整的哲学型原理体系。李泽厚和杨春时的立场是相似的，即要把美学学科建立为一种人的哲学。这种写法虽然各方面都能涉及，但毕竟经过自我限定，因此相对于整体美学原理来说还是属于专题。也因为各人有各人的哲学立场和对本质问题的看法，所以呈现出流派美学的特征，李泽厚的是主体性实践（人类本体论）的美学，杨春时的是人的超越性生存的美学。二者还代表了实践、后实践美学演进和转折的成果，此不赘，主要在于具备上述特征的哲学型著作在与其他著作谈论同一问题时表现出的差异。前已提到的李泽厚以审美能力类型代替了审美经验类型是一例。杨春时在谈审美对象时则从主客转化不同角度划分，其中按接受感官划分时，由于强调审美的精神性和超越性，就认为除视觉、听觉之外的其他感官"如味觉和触觉等只具有生理功能，不能接收符号，不具有精神性……可以产生生理上的快感，但不能产生精神性的美感"[1]，云云；以及在形式美论部分以"审美符号"代之，这是由于把形式作为数学结构来看，认为形式触犯了审美的自由性、超越性，因此实际这部分是论意象和意蕴生成的。杨著《美学》在历史和文化维度上超出《美学四讲》范围，是按杨春时在本书以及其他著作中反复强调的"由逻辑进入到历史"或者"由抽象上升到具体"的方法[2]组织的，但处理这种二元结构难度巨大，最终往往是历史屈从了逻辑，抽象离开了具体。

无论普及型、教材型还是哲学型，各类型内在演进都体现出追求建立完整规范的中国美学原理体系的意图，重点之一就是对审美文化的论述。文化型美学原理体系著作，以张法1999年出版的《美学导论》为奠基，以其经过了重要修改的2015年第4版和王一川同年出版的《美学原理》为代表，显示了最近二十年里的美学原理发展新思路。文化型与哲学型相对，同样追求高度综合，不过选择面向丰富的审美现象和其不可磨灭的文化差异性。张法著定位在"导论"上，取消了独立的艺术论，显示与哲学、美学不分轩轾的互补姿态。在从初版到第4版的增改中，该著逐渐以美学学科论统一了美的哲学论，寓史于论，以西方、非西方两大文化类型及文化模式为基础展开各层面的论述，一定程度上打破了长期以来西方美学原理话语一统天下，遮蔽文化差异性和本土理论特色的历史局限，突出了世界现代化、全球化演进中的美学。王一川的美学原理体系有所不同，相对更平衡，突出了审美文化论中艺术论的部分，其审美文化形态论的特色，前文已述，不是与张法著相比，而应和杨春时著相比，根据人类社会历史总体演进中形成的文化结构，对大结构下的不同审美文化形态进行分论，具有一种大众文化批评的视野。比较地看，文化型著作既综合又开放的结构最易于重拾经典美学理论的历史性特

---

[1] 杨春时：《美学》，高等教育出版社，2004年，第149页。

[2] 杨春时：《走向后实践美学》，安徽教育出版社，2008年，第11—12页。

征、语境性资源，以对美学原理形成更客观的表述，同时能够将当代社会中产生的新的审美现象、审美范畴纳入理论体系。

## 三、专题方面型中国美学原理著作概况

专题方面型著作的分布情况，从一个侧面体现中国美学原理研究者对美学原理基本问题关注的侧重点和体系演进的未来趋势。对体系内部专题方面的研究本身总是含有补充、完善、突破已有体系的意味，与"标准""权威"形成对话，因此在大方面下又有显示主题发散与延伸特征的具体类项。以此对 101 部中国美学原理专题方面型著作（文艺美学和美育学著作未列入）归类并按照著作出现时间排序，呈现为表 4。

表 4　1980—2020 年专题方面型中国美学原理著作类型演进统计表

单位：部

| 专题方面 | 时间 | | | | 合计 |
|---|---|---|---|---|---|
| | 1980—1989 | 1990—1999 | 2000—2009 | 2010—2020 | |
| 美论 | 5 | 5 | 7 | 4 | 21 |
| 美感论 | 14 | 7 | 13 | 4 | 38 |
| 美的形态论 | 1 | 6 | 2 | 1 | 10 |
| 审美文化论 | — | 3 | 2 | 1 | 6 |
| 审美与人生 | — | 1 | 2 | 1 | 4 |
| 实用美学 | — | 6 | 2 | 3 | 11 |
| 美学学科论 | | | 5 | | 5 |
| 自然美 | — | | 5 | 1 | 6 |
| 合计 | 20 | 28 | 38 | 15 | 101 |

101 部著作从时间上看显然分成三段，美论、美感论、美的形态论专题方面著作在 20 世纪 80 年代就已经出现，这三个专题加上艺术论也是一个美学原理体系的经典结构。其后，90 年代出现了审美文化论、审美与人生以及实用美学著作——这一类著作是对标准体系通常将美的具体对象圈定为艺术的突破，如林同华著《超艺术：美学系统》（1992）就是证明。21 世纪以来，对美学学科本身的思考浮出水面，如莫其逊《元美学引论——关于美学的反思》

（2000）；自然美原本被看作一种美的形态，现在扩展为一个独立专题甚至形成与文艺美学相对的美学思想体系，是一个重要而复杂的现象。

美论问题下，对美本体，或美的本质、美的哲学的探讨是第一性的。邓晓芒、易中天在古今中西美学发展史的重述基础上，提出"实践论美学大纲"，明确指出"美学研究的本题是美的本质及其一般规律"①，即研究艺术发生学、审美心理学、美背后的哲学原理而不是现象特征。在"美的本质"被进一步解构后，重新建立本体论的需求促使学界尝试直接面向审美活动整体，转向了存在论模式。如袁鼎生在《审美场论》（1995）中提出一个主观生成、客观存在的"美场"概念，其受时空制约，存在于一定的区域和氛围中，同时又大而无外、小而无内。② 总之，这种从审美活动发生的客观关系、形式、条件来讨论的思路，形成审美活动本体论的写作思路，其他如审美链、审美时间、审美价值、审美制度等都可以归入这一类中。

关于美感论的专题方面型著作最多，有38部，占整体的37.6%，美论著作中也有不少是以美感、审美为中心的。但美感论内同样也有审美心理和审美活动两种侧重，与美论情况类似，一者偏于内向，一者偏于外向。审美心理学著作占主要，有25部，如彭立勋《美感心理研究》（1985）、王朝闻《审美心态》（1989），等等，主要综合心理距离、直觉、移情、内模仿、想象等西方经典理论成说。其中一些著作以本土文化资源为主来组织理论，如潘知常《众妙之门：中国美感心态的深层结构》（1989）、汪裕雄《审美意象学》（1989）等，意识到并试图处理好中西美学资源、美感形态之间差异、冲突、互补的关系，是完善美感论的重要前提和方向。在美学原理体系中放进中国自己的美感论，"或许会使中国美感心态勇敢地追赶上世界文化的主潮……使中国人重新自我建构起自己的梦想？"③ 实践应答着追问。审美活动论方面的著作计有13部，可以看作美感心理论趋向审美活动、审美现象论的体现，呈现出三个基本特征：由纯粹主体论转向思考主客合一问题；由单方面关注非功利、形而上的美感心理转向对人的身心基础的全面考察；对审美方式的定位从感知向体验、交流、关系发展。劳承万《审美中介论》（1986）、张江南《审美：从教化到交流》（2004）、赵之昂《肤觉经验与审美意识》（2007）等

---

① 邓晓芒、易中天：《走出美学的迷惘：中西美学思想和美学方法论的嬗变》，花山文艺出版社，1989年，第470页。（该书后修订更名为《黄与蓝的交响：中西美学比较论》，由武汉大学出版社于2007年出版。）

② 袁鼎生：《审美场论》，广西教育出版社，1995年，第1页。

③ 潘知常：《众妙之门：中国美感心态的深层结构》，黄河文艺出版社，1989年，第337页。

著作都具有类似特征。

美的形态论主要有两种写法，一种是对美学范畴，或者说美的经验类型——优美、崇高、悲、喜、丑等进行界说，以刘隆民《美学基本范畴》（1994）为代表，把西方范畴体系和中西比较结合起来。另一种则以"范畴""形态"作为美学原理体系的组织形式，这是一种主要说明概念的包容性较强的写法，代表如杨成寅主编的《美学范畴概论》（1991），其中还列出了中和、刚柔、心物、形神等15个中国古典美学范畴。此外，一些具有概括力的重要且特殊的美的形态，可以发展为统摄整体的美的形态论，如陈伟的《崇高论》（1992）、李兴武的《丑陋论》（1994）。美的形态、范畴是对象性质与主体观审方式结合之下人为规定的，李兴武指出，"当我们把丑的本质说成是非人性的存在的时候，我们是就其与美的本质相对立的意义上说的"①，讨论美的"非美"形态不限于现象区分，同样可以深入本体论层面，美的形态论以此而与美、美感并列为学，但统计得出的著作仅10部，其中多数研究还是以范畴史形式进行的。

20世纪90年代新出现的专题方面的关注，成果最多的是实用美学，把文艺美学之外的科学技术、工艺、设计、人的生活、环境、身体等诸多实际、实用的美学门类集中起来进行介绍，或是在美学原理基本体系中侧重指导艺术鉴赏、审美教育的内容。1989年就有一套"门类美学探索丛书"，包含烹饪、建筑等门类，门类美学的基因是跨学科的，从可行性来说只能在各门类专业背景下展开，但一往不返的门类美学研究如何进入或反哺美学原理体系，这一问题尚待思考。"审美文化"的概念，最早在叶朗的《现代美学体系》（1988）中提出，90年代初，就诞生了林同华、李西建以"审美文化学"为名的著作。李西建开宗明义地指出这是一门"介于审美学与文化学之间的边缘学科"②，进一步强调其研究本性的则是姚文放《审美文化导论》（2011），其言"'审美文化'研究要解决的不是审美与文化的关系问题，而是审美文化与其他文化形态的关系问题"③，而在具体写作中，则落脚在现代性问题上，研究当代语境下的审美文化范畴、关系与问题。余虹《审美文化导论》（2006）以历史样态、当代状况合述的方式兼顾了中西审美文化的不同传统。王一川指出，中国现代美学在1990年以后进入了文化建设年代，美学呈现出从以精神反思为

---

① 李兴武：《丑陋论：美学问题的逆向探索》，辽宁人民出版社，1994年，第33页。
② 李西建：《审美文化学》，湖北人民出版社，1992年，第1页。
③ 姚文放：《审美文化学导论》，社会科学文献出版社，2011年，第51页。

主的学科演变为以日常生活美化为主的身体文化学科之势。① 从学科整体来看的确如此。但目前实用美学、审美文化学的大部分著作尚未成为类似西方的"实用主义美学"或文化型美学原理体系，它在现代社会语境中通过强调日常生活，顺理成章地拓宽了学科内容的边界，但没有触及经典体系的命门。

最后应在专题中有所提及，而主要阵地已经转移到流派方法型著作中的，是讨论自然美问题的著作。自然的自为自存性以及在现代社会中与人的关系的异化问题，催生出大量与自然生态问题有关或由自然美延伸出的著作。有代表性的如陈望衡《环境美学》（2007），指出环境美学与艺术美学处于平等的地位，美学学科性质不变而规模与意义大为扩充。② 也是在这个意义上，冠以生态、自然、环境之名的一些著作可以视为专题方面型研究，有的著作则属广义的跨学科问题研究。在纷纭的概念和膨胀的学说下，刘成纪清醒地发问并指出：这些理论形态的关联性如何，是否能以自然美概括，若不能解决这些问题，恐怕既有理论和新的探索都会面临危机。③

专题方面型的写作，整体呈现出不断发散、增殖的态势，在丰富、拓展原有体系的同时，也在解构经典美学原理以抽象的"美""美感"为核心的讨论方式。而专题探索的深入必然挑战本体论支配下的经典理论观点，如自然美论以自然本体论为基础，就与人本主义范式存在矛盾，因而表现出另起炉灶、独立成学的追求。本质上，原理体系总是内在地有着建立理论闭环的要求，而专题方面研究是体系构成和理论深化的基础，但中国美学原理研究发展至今主要依靠的还是接受、引介并重写既有体系，在这种情形下，专题探索的新思路就显得更为珍贵了。

## 四、流派方法型中国美学原理著作概况

海德格尔对哲学方法的本体性地位有清晰的表述："'方法'乃是主体性的最内在的运动，是'存在之灵魂'，是绝对者之现实性整体的组织由以发挥作用的生产过程。"④ 以新的思想方法介入中国美学原理同样怀着谋求主体性更新的目的，这其中变革了对"美"的存在本体的认识（美的对象）方始是根本性的新方法，同时与主流的经典观点拉开了距离，从而成为流派型著作。

---

① 王一川：《美学原理》，中国人民大学出版社，2015年，第9—10页。
② 陈望衡：《环境美学》，武汉大学出版社，2007年，第1—2页。
③ 刘成纪：《自然美的哲学基础》，武汉大学出版社，2007年，第281—282页。
④ 海德格尔：《路标》，孙周兴译，商务印书馆，2014年，第511页。

流派和方法的演进是中国美学原理研究革新的动力。刘三平（2003）对"新方法型"著作的统计以黄海澄《系统论、控制论、信息论美学原理》（1986）为开端。[①] 这与20世纪80年代学术受到苏联"系统论是辩证法的具体化形式"这一思想的深刻影响相关。[②] 与此同时，流派方法型突出表现为"手稿热"的马克思思想研究，影响了包括美学在内的整个人文社会科学。蔡仪正是基于此批评苏联美学模式，进行理论改写的，实践美学也是在此基础上建立和发展的。马克思主义美学客观上在中国美学研究中始终保有自身独立名义、领域与特色。因此本文在统计中以丁枫等著的《马克思主义审美观》（1984）为流派方法型中国美学原理的起始。这类著作与以发展为标准体系的实践美学分途后，21世纪以来如谭扬芳等著《马克思主义视阈下的体验美学》（2014）等，坚持了美是社会理想的观点并据以解释美学基本问题。这一类型与其他类型的复杂关系，还要放在广义的马克思主义美学背景下，联系着实践唯物主义认识进展来探讨。流派方法型著作在后三十几年时间里有90部较为典型（研究具体问题的著作不录），根据其流派、方法特征分类如表5。

表5　1980—2020年流派方法型中国美学原理著作类型演进统计表

单位：部

| 类型 | | 时间 | | | | 合计 |
|---|---|---|---|---|---|---|
| | | 1980—1989 | 1990—1999 | 2000—2009 | 2010—2020 | |
| 马克思主义美学 | | 2 | — | 1 | 2 | 5 |
| 科学美学 | 系统论方法 | 4 | 6 | — | 2 | 12 |
| | 进化论 | — | — | 1 | — | 1 |
| | 逻辑方法 | — | 2 | — | — | 2 |
| | 新实验美学 | — | — | 2 | 2 | 4 |
| 超越美学 | 存在论 | — | 2 | 1 | 2 | 5 |
| | 生命论 | 1 | 3 | 5 | 3 | 12 |
| | 其他 | — | — | 2 | — | 2 |

科学美学合计19，超越美学合计19。

---

[①] 刘三平：《1980年以来美学原理著作概况》，《河北师范大学学报（哲学社会科学版）》，2003年第6期。

[②] 曹谦：《"方法论热"期间苏联理论扮演的角色》，《学习与探索》，2021年第10期。

续表5

| 类型 | | 时间 | | | | 合计 | |
|------|------|------|------|------|------|------|------|
| | | 1980—1989 | 1990—1999 | 2000—2009 | 2010—2020 | | |
| 西方现代哲学、美学 | 现象学 | — | 1 | 1 | 1 | 3 | 7 |
| | 分析哲学 | — | — | 2 | — | 2 | |
| | 其他 | — | 1 | 1 | — | 2 | |
| 新实践美学 | | — | — | 5 | 2 | 7 | |
| 认识论 | | — | — | 2 | — | 2 | |
| 价值论 | | — | — | 7 | — | 7 | |
| 后形而上学美学 | | — | — | 2 | 1 | 3 | |
| 生态美学 | | — | — | 5 | 3 | 8 | |
| 中国古典哲学、美学 | | — | — | 1 | 5 | 6 | |
| 人类学 | | — | — | 1 | 1 | 2 | |
| 其他 | | 1 | — | 1 | 3 | 5 | |
| 合计 | | 8 | 15 | 40 | 27 | 90 | |

从前未有的新变化在于运用科学方法论谋求美学研究科学化，由此产生可归入科学美学类型的共 19 部。在 20 世纪八九十年代出现了大量运用系统科学"三论"写成的著作，如杨春时《系统美学》（1987）、汪济生《系统进化论美学》（1987）等，其发展后期如王明居《模糊美学》（1992）等著作，则结合了非线性系统论、不确定系统论等数学科学原理。此外还有进化论思想、逻辑方法影响下的著作。但比起借鉴和模仿自然科学、逻辑学的思维、方法，严格意义上的科学美学应该是"新实验美学"，代表了 21 世纪以来国内科学美学的发展方向。这是一种运用经验科学方法的客观化的美学，从生理心理、认知、脑神经科学等角度解释审美活动，今道友信将其概括为，"把反复的实验作为前提研究出某种定式，顾及到艺术作品的创造与欣赏两个方面，把审美意识的作用形式按照技术工程学的逻辑结构予以信息化"[1]。代表作如赵伶俐《审美概念认知——科学阐释与实证》（2004）、李志宏《认知美学原理》（2011）等，其思想方法同时还与信息论、进化论、生命论美学有密

---

[1] 今道友信：《美学的方法》，李心峰等译，文化艺术出版社，1990 年，第 35 页。

切联系。同时，李志宏在 2012 年出版的《美学》有以系统论观点、认知美学原理为基础建构标准体系的美学原理的客观意图，根据科学化美学的原则，在著述实践中目前还只初步呈现审美作为认知活动的程序研究成果，而涉及具体审美经验的部分，则由于定量研究获得的数据不足而只能以个案体现。然而毕竟在重要的审美活动论上有了全新的面貌，因此该著基本达到了作为学科教材面世的条件，此例比较典型地反映流派美学将自身建设为完整的标准体系的进展和遇到的困难。

可以上溯到叶秀山著《美的哲学》（1991），但实际在 90 年代后期才兴起的超越美学——超越实践美学旗帜下形成的美学，与科学美学相对，体现了"反黑格尔哲学运动"方向的建构。这一类型同时也与运用西方现代哲学、美学方法，主要是现象学、分析哲学以及幻象理论等的著作有差异，后者如罗安宪《审美现象学》（1995）、曹俊峰《元美学导论》（2001）等，还没有以方法为学问引领流派趋势的特征。超越美学下，又大致可分存在论、生命论两个方向，共同点是都从实践的本体论转向人的生存的本体论，杨春时在 1994 年的文章《超越实践美学，建立超越美学》中首先竖起大旗，后撰《作为第一哲学的美学——存在、现象与审美》（2015）等著。生命论方面的著作出现更早，封孝伦《人类生命系统中的美学》（1999）还未以"学"称，雷体沛则以《存在与超越——生命美学导论》（2001）提出了概念，潘知常《生命美学论稿》（2002）成为流派的代表。

新实践美学也是对旧实践美学的超越，但不是破坏和对立，而是完善和更新，因此不只是表现为新的流派方法，而且是上一阶段美学原理学术主流的延续，从客观的内容架构来说，既具有标准体系形态，又有新的思想方法，如易中天、邓晓芒于 1989 年出版的《走出美学的迷惘》，其中已提出"实践论美学大纲"，在更名再版的《黄与蓝的交响》（1999）中则命名为"新实践论美学大纲"。21 世纪初新实践美学开始才有一批流派方法型专著面世，计有7 部，如陶伯华《美学前沿——实践本体论美学新视野》（2002）、张玉能《新实践美学论》（2007）、吴时红《实践论美学的理论精髓与当代构建研究》（2018）等。这一型的主职本不在于争鸣，但可以看到学者在写作流派型著作和标准体系型著作上的差异。比较朱立元《走向实践存在论美学》（2007）和高教版《美学》，以及超越美学代表杨春时 2004、2015 年的两部代表作（《美学》《作为第一哲学的美学》），就可以看到，流派型著作（理论）的关注点以及对标准体系型著作的架构与影响目前主要还限于美的本体论、美的起源发生问题，而在审美活动论、美的种类论上往往大同小异。

也有的著作从哲学总体方法上转变视角，通过认识论、价值论阐述美学原理。前者如陈新汉《审美认识机制论》（2002）从审美活动是认知和评价的统一来重述黑格尔美学思想。价值论转向实际也是实践论美学发展的一脉，从实践对人的意义来阐发审美关系。如黄凯锋《价值论视野中的美学》（2001），主张美是一种价值性的存在，根源于人类的价值活动，其他还有朱贻渊《价值论美学论稿》（2005）、李咏吟《审美价值体验综论》（2009）等。这两类方法著作的出版主要集中在21世纪第一个十年。后形而上学美学也是以相似的，从对本体论、形而上学美学接着说、补充地说的思路展开的，或者靠近超越美学，或者靠近生活美学，如颜翔林《形而放学》（2004）、赵周宽《后形而上学美学》（2016）都可归为此类。

在21世纪以来多元化的美学流派方法中，相对于锐意进取的超越美学，更具包容姿态的是生态美学著作，但这类著作多以自然美、生态和环境之美的专门研究形态呈现，大部分研究还着力于厘清理论资源和学科范畴，或多以论文、文集面貌呈现，应看作流派美学成果，本文不计。如曾繁仁的一系列著作《生态美学导论》（2010）、《生态美学基本问题研究》（2015）、《中西对话中的生态美学》（2012），等等，其研究领域已蔚为大观——至少有十几部著作自觉归于生态美学原理研究麾下，但也正如曾繁仁所说，"它的美学范式已经突破了传统美学的形式"①。基于这一认识来看表中计入的8部生态美学著作，数量上少于超越美学，但或许透露出生态美学与此前种种于思想方法求新变的类型的本质差异，即在根本性的美学的研究对象问题上，同时也是传统美学的本体论层面上改弦更张，以此发展出独立的学科话语和体系。审美人类学与生态美学的情况类似，因为研究对象和目标的特殊性而更接近文化人类学、民俗文艺学等，也有自己的理论范式，如覃德清《审美人类学的理论与实践》（2002）等。体现其融入和改造标准体系的著作，则有覃守达《审美人类学概论》（2007）等，在覆盖标准美学原理的基本问题基础上，增加了性别论、考古论、技术论等内容。

在2010年以后也有不少著作以中国古典哲学、美学思想资源为依托，结合当代美学理论建立体系。郁沅、倪进从中国古典美学的"感应"范畴出发写作《感应美学》（2001）。郭昭第立足"发明本心""心物不二""体用不二"等中国哲学思想超越西方型美学原理范式，著《智慧美学论纲》（2013）等书。张晚林《美的奠基及其精神实践——基于心性工夫之学的研究》（2020）

---

① 曾繁仁：《生态美学导论》，商务印书馆，2010年，第3页。

用儒家思想视作人之"大体"的"心性"来解构和建构美学。在超越美学和运用现象学美学思想的著作中也有不少体现出鲜明的中国特色，如刘成纪《物象美学》（2002）、刘士林《澄明美学》（2002）等。这也反映出中国美学原理探索突破西方理论语境，回归民族本位，增强民族自信，寻求古典学术走向现代化、全球化的意识。

总之，在抛弃"美的本质"问题，批判认识旧实践美学之不足后，诸家皆致力于构建新的"审美"之学，流派、方法表征着新美学形成中的基因来源和理论方向。40 年时间里，中国美学原理的流派方法著作，从重新解读马克思手稿中的美学思想出发，首先从实践角度解释美的本质而建立实践美学，这成为 20 世纪 80 年代以来中国美学原理的主流和标准体系，并始终影响着中国美学研究思想方法的嬗变，同时期在新方法上则表现为通过应用系统科学方法谋求建立科学化的美学。90 年代以来，西方现象学哲学美学思想深刻影响中国美学界，所谓超越实践美学从生命、生存、存在等层面反拨旧实践美学，美学从认识论转向存在论也成为这一时期的共同主题。21 世纪初，认知美学、生命美学、生存－超越美学、实践存在论美学等百家争鸣，最突出的新特征是美学原理研究走向跨学科研究、文化研究，其中生态美学从人与自然、人与环境、人与万物共生共存于生态系统的角度来包举和超越传统美学原理，成为炙手可热的新方向。从各著各家的方法、流派变迁中亦可以看到关于中国美学原理研究方法论运用的基本规律，有总体的方法，有具体的方法，方法和理论资源往往是结合出场的，有名同实异，也有名异实同，如何使用，以要建设怎样的美学为标准，以呈现出怎样的美学为结果。由此来看生态美学、生活美学等著作，既是流派美学，也是采用了新方法，突破了旧美学本体认识、研究范围的专题论著。赵奎英在著作自述中提出，"根本方法（马克思主义的历史唯物主义和辩证唯物主义）需要与具体方法相结合"，要"整合古今中外的美学理论资源，总结吸收当下美学具体形态研究所取得的新成果，重建一种以生态审美为指向，以艺术审美为依托，以生活世界为基底，注重身体知觉和行动的、既具有理论解释性又具有价值批评性和实践构成性的美学基本理论……"[①] 虽是以生态美学为大方向，但也道出了当前美学基本理论建设中不同流派和方法趋于综合会通的共同特征。

---

① 赵奎英：《美学基本理论的分析与重建》，人民出版社，2019 年，第 61 页。

# 五、普及通俗型中国美学原理著作概况

在中国美学原理研究一个多世纪以来的发展中，出现最早、数量最多、影响最广的，不是别的，正是普及通俗型著作。它在中国美学原理研究的理论边缘，但也是美学研究的理论归宿。2019 年，邱伟杰出版《普及美学原理》，探讨普及美学作为学科的内涵，提出普及美学是"艺术哲学归于天人合一的尝试"[①]。该著的出版也多少说明普及通俗型著作发展已成有待研究的现象。不过美学的普及问题还涉及与其目的接近，并通过与教育学结合确立了自身权威性的现代美育学科，美育学著作又可略分学科型和应用型，后者分走了普及通俗型美学原理著作的主要职能。本节梳理分析 1980—2020 年普及通俗型著作的类型和演进特征，呈现中国美学原理的一种面相（表6）。

表6　1980—2020 中国美学原理普及通俗型著作类型演进表

单位：部

| 类型 | | 时间 | | | | 合计 | |
|---|---|---|---|---|---|---|---|
| | | 1980—1989 | 1990—1999 | 2000—2009 | 2010－2020 | | |
| 谈说型 | "谈美" | 9 | 0 | 3 | 5 | 17 | 42 |
| | 其他 | 1 | 1 | 8 | 15 | 25 | |
| 体系型 | | 4 | 5 | 16 | 21 | 46 | |
| 合计 | | 14 | 6 | 27 | 41 | 88 | |

在历史演进中普及通俗型著作整体呈增加态势，以《谈美》（1932、1982）、《谈美书简》（1980）为起始，中国美学原理普及通俗型著作计有 88 部，分为以文化散文形式谈论美学基本问题的谈说型、有较为标准理论体系结构的体系型，两型分别有著作 42 部、46 部，数量接近。其中，类似朱光潜《谈美》（1932、1982）的著作有 17 部。

20 世纪 80 年代"谈美"类著作首先兴起并占据主导，90 年代整体成果较少，体系型著作此时相对增加，此后成为主流，这应与中国美学原理体系的成熟有关。"谈美"类著作在三个时期分别可拈出代表。一是对中国美学原理有奠基意义的朱光潜的《谈美》。在开场语中作者已明确了写作的目的，即

---

①　邱伟杰：《普及美学原理》，四川文艺出版社，2019 年，第 17 页。

愿读者未来能"领略免俗的趣味"，懂得美感经验何为，并推及人生世相。[①]每一封信以趣味性的语录诗文为正题，对应的美学原理问题为副题，用通俗的语言和生动的事象介绍美学基础理论，把审美欣赏、创造放在艺术论中道出。这一模式，尤其是诗性、艺术化的标题和框架，多为后来者所承袭。二是周宪《美学是什么》（2002），取消了副题，细化了小节，以"美学是什么"的学科风景展开，风景二、三直接切入中西古典美学的形态、范畴，同时也在艺术史风景中展开美学原理的要点，艺术鉴赏性增加了，但没有离开原理说明。三是赵士林《美学十讲》（2013），美学理论几乎全由雅俗并举的艺术鉴赏和日常生活中的具体审美经验代替了，已没有明显的美、美感、艺术论的分野。在前言中《十讲》也明确了定位，即"写给大众看的通俗美学读物""回答了人们普遍关心的美学问题"[②]。这部书从接受者角度出发进行写作，目的更实际，内容完全趣味化，又显然与前两者不同。《谈美》的最后一章是"慢慢走，欣赏啊！——人生的艺术化"，《美学十讲》的第一章是"百年几见月当头——慢慢走，欣赏啊"，这一巧合折射了普及通俗美学著作的发展由美学通俗化走向美学审美化、审美生活化的历程，颇具深意。

普及通俗型内部各类著作细分类型不同，理论概括方式和程度不同，但内容性质、语言风格相似，以是其他情况不拟详说。谈说型的其他著作，多如孙正荃《大众美学99》（2002）、孙正聿《现代审美意识》（2012）等，结构不似"谈美"，但也突出美的形态和艺术、生活审美经验；个别如彭锋《美学的意蕴》（2002），以类似"谈美"的比较自由的模式讨论美学学科内的一些争议性、新异性论题，既是理论文章，也是文化文章，与封闭的经典美学理论体系形成对照。体系型的普及通俗著作，注重分析美的具体形态，突出提供审美实践的指导，如戎小捷《陌生＋熟悉＝美》（2001）分为美学、艺术哲学两部分，何语华《美育：美即生活》（2014）分为美和审美、美的欣赏、美的创造三个部分。这里，由于门类拓展和鉴赏内容增加，体系可详可略。同时，何语华著以及陈元贵《大学美育十讲》（2010），有"美育"之名，而内容实为普及通俗的美学原理知识，加上汉宝德《美学漫步》（2012）等多部言为美育，实为非研究性审美教育的著作，普及通俗型反映出美育美学著作与普及通俗型著作的界线模糊以及两类著作发展中各自存在的一些问题。

最后，著作由"谈美"而起，以"谈美"而终。"谈美"类著作的诗性标

---

① 朱光潜：《谈美》，见《朱光潜美学文集》，第1卷，上海文艺出版社，1982年，第447页。

② 赵士林：《美学十讲》，人民出版社，2013年，第1页。

题，在一些著作中，是对作为"副题"出现的美学基本问题的精练性回答和总结，这种形式虽然也显得粗糙和普泛，但在西方、苏联美学原理基本问题框架中融合和应用中国古典美学的资源和微言大义、虚实相生的言说智慧，体现出一定的"对话"色彩。随后"谈美"传统渐衰，逐渐只发挥装饰性作用，尤其是在以标准体系为模板改造而来的著作中。普及通俗型著作是中国美学研究面向社会大众的重要中介，其简化为经典理论读本的缩略或转变为鉴赏指导、实用美学，这不能说是十分理想。

溯流徂源，同干异枝，在中国美学原理研究的发展中不同类型构成的复杂图景，其来处与去处有共同的线索：四大类型在经历了 21 世纪第一个阶段的大量产出后，在第二个阶段里除了普及通俗型之外，均相对减少，而各型内部呈现出与经典美学、美学原理标准体系分离的趋势。应该说，第一个十年后半程开始，中国美学原理研究整体进入了解构、分流、筛选的历史演进新时期，这一时期与上一阶段以审美学解构美学的集中作战不同，表现为跨学科探索和各自为政，但总体是在美学原理研究上对美学学科性更彻底的解构。张法以比较美学的方法概括出 20 世纪中西美学原理发展形态的差异：西方美学原理著作的最大特色就是流派，而中国美学的美学原理是以时代为主，时代的整体性表现为美学原理的共识结构。[1] 这种以时代和整体为核心的"主旋律"型研究应该说是这 40 年的前半段里中国美学的主调，在一种集体叙事下，西方、苏联结合型美学原理框架形成、变化、基本完成并进入了瓶颈，随之而来的必然是对共识的权威性的质疑和瓦解，近十几年里表现为中西结合产生的以存在论为基础的美学各流派、生态美学新方向成为新的理论生长点。时代巨变下，中国美学原理研究如何继续书写自己的历史，又走到了新的路口。

① 张法：《20 世纪中西美学原理的几点差异》，《文艺研究》，2008 年第 5 期。

# 中国美学原理：以著作为中心的巡礼

浙江师范大学人文学院　林华琳

摘　要：本文从中国美学原理著作中，按年代和逻辑的统一，选出十部著作，呈现中国美学原理著作的基本面貌。在中国美学原理的发展阶段中，从时间上讲，这些著作主要集中出现在民国时期和改革开放时期；从类型上讲，主要有普及型、教材型、哲学型、文化型四类。

关键词：美学原理著作；著作时代；著作类型

在"美学"概念于 19 世纪晚期进入中国后，中国美学学科的发展以美学原理著述发表为客观依据，从清末民初至今跨越了百年光阴，大致可划分出 20 世纪 20 年代、30 年代至新中国成立前、新中国成立初期、20 世纪 80 年代、20 世纪 90 年代、21 世纪初几个有显著转折的阶段。中国现代美学学科与原理著作消化和反思了西方美学、苏联美学的影响，以马克思主义哲学的中国化为背景，在 20 世纪 80 年代掀起新一轮"美学热"后进入了探索自身特质的全面建设时期。以从无到有的学科建设为基本线索，可选出十部具有完整系统、坐标意义、类型分支代表性的中国现代美学原理著作：新中国成立前就已出版而在新时期继续发挥影响的朱光潜《谈美》；20 世纪 80 年代出版而对新中国成立初期研究形成总结的王朝闻《美学概论》、蔡仪《新美学（改写本）》；代表实践美学的李泽厚《美学四讲》，以及可与之对照的杨春时《美学》；面向 21 世纪的张法《美学导论》、朱立元《美学》、周宪《美学是什么》、王一川《美学原理》、尤西林《美学原理》。结合客观时间阶段与著作内容特征来看，这些著作又可分为普及、教材、哲学、文化四类。本文通过对这十部代表性美学原理著作进行分类简评和目录摘录，来呈现各著的理论特色与学术史意义。

## 一、百年学科形成中的中国美学原理著作

### （一）普及型著作：由西方美学而来的理论主体

美学在中国作为一门学科建立起来，发端于对西方美学的介绍、搬用、模仿，在清末民初的一二十年时间里，中国美学以审美心理学和艺术为理论主体的范式基本确定。20世纪30年代初诞生的朱光潜《谈美》是学科发轫阶段的代表，以美感为核心构建原理体系，影响了新时期中国美学原理著作以审美心理活动论为中心的写作思路，并派生出与学院教材分途的普及通俗美学著作，其后继者以周宪《美学是什么》为代表，吸纳了学科转向后现代西方美学的艺术史模式。

#### 1. 朱光潜《谈美》（1932）

朱光潜《谈美》由开明书店1932年首次出版，后收入上海文艺出版社1982年《朱光潜美学文集》第一卷。朱光潜《谈美》的理论依据是近代西方经典美学思想，但把理论放在具体经验中，大量结合中国古典美学思想、世界艺术精品、日常生活审美体验，批判吸收了康德、黑格尔、克罗齐、弗洛伊德的思想，建立了以孤立性美感为核心、主客观统一为基础的审美心理学原理。其基本观点包括美生于美感经验、美感起于形象的直觉、形象出于心物同构、美感活动包括欣赏与创造，等等。全书由15封书信体说理散文构成，次第说明了美感经验、美的本身（形态）、艺术创造三个部分的基本问题。审美经验与美学理论复合的特征贯串标题与内容，呈出中国古典美学叙议结合、虚实关联、触类引申的话语特质。此书在中国美学建立之初，以明白晓畅的文字把西方理论与本土经验相融合，建立了比较完整的原理体系，其历史意义、理论基因、非本质论的特征使其在80年代学科建设中重受关注，此后的普及通俗型美学原理著作广泛借鉴了这一写作模式。

**目　录**

2. 周宪《美学是什么》（2002、2008）

周宪《美学是什么》由北京大学出版社 2002 年初版，2008 年第二版增加了理论原文资料。周宪著作从体例和观点上都能看到《谈美》的影响，同时更接近现代西方艺术哲学著作，在主客体互动创造审美意象的观点上保留了审美心理学的基本立场，但实际上是以艺术为中心，采用了史论结合的写法，呈现为对中外艺术史的具体作品、理论观点的巡礼。全书用美的本质问题解构和转移后本体重认的基本问题"美学是什么"，以此为核心，展开了十道"风景"，中有美学学科、中西审美形态、艺术与形式、审美接受、审美与生活五条思考路径。该著作为普及通俗型著作，与教材规范模式拉开了距离，讨论了现成物艺术品、日常生活审美化等现代美学的理论热点。

## 目录①

① 2002年版、2008年版目录相同。

　　（二）教材型著作：苏联美学影响下建立"体系"及其转换和提升

　　20世纪30年代以来，苏联式美学著作涌现并占据主流，其美的本质、美的客观性以及真善美等关于"美"问题的观点为中国美学所吸收，影响了美学标准学校教材的面目，中国美学从而具有了整一体系这一本体性形式特征，由此形成以美的本质论、形态论、美感论、艺术论、美育论为基础的原理著作结构，并在 80 年代以后增加了学科叙事。其中，王朝闻《美学概论》代表了新中国前期的思想，蔡仪《新美学》的改写本趋向新时期转进实践论美学的潮流，朱立元《美学》和尤西林《美学》是教材型著作写作探索的典范。

1. 王朝闻《美学概论》（1981）

《美学概论》由王朝闻主编，人民出版社 1981 年出版，此前经历了 20 年的讨论修改。《概论》站在客观唯物主义和辩证法的立场上，大量引用马克思、恩格斯、黑格尔、鲁迅、普列汉诺夫、高尔基、列夫·托尔斯泰、列宁等权威话语，显示了新中国前期政治上的社会主义和马列主义一统学术的模式。《美学概论》也包含中国美学现代性建设的意识，在论述美的本质时保留了美的客观社会性与感性形象存在的复杂联系，并综合运用了苏联、西方、中国的理论资源，具有开创性意义。全书除绪论外分为审美对象一章、审美意识一章、艺术相关四章，通过向艺术论的倾斜突出了物质第一性、艺术反作用于现实、理论指导实践的基本态度和时代风气。

### 目 录

2. 蔡仪《新美学（改写本）》（三卷本，1985、1991、1995）

蔡仪《新美学》最初由群益出版社于 1948 年出版，后经改写，分三卷由中国社会科学出版社先后于 1985、1992、1995 三年出版。改写本坚持和完善了客观论立场的阐述，不只批判西方主观的、美感论的美学，还通过重述美学史、解读马克思美学思想，批判了 20 世纪 30 年代的苏联美学以及人化自然的实践论新观点，在更新旧著美本质论的依据同时增强由史出论的特色。改写对美即典型、美在于事物的客观规律的观点进行了丰富，并将艺术种类论写成艺术规律和艺术社会学。此书是客观论美学的大成和尾声，其版本演变反映了中国美学原理在不同历史语境下对苏联美学从推崇到扬弃的过程。

## 目　录

第四章　艺术史与社会史的关系
　　第一节　艺术史与社会史的不平衡及其决定因素的不一致
　　第二节　艺术形式（种类）史与社会史的关系
　　第三节　艺术思想、精神的发展和社会史的关系
　　第四节　文艺政策


云冈石窟的雕刻

关于美术上的自然主义讨论提纲

从新美学谈到戏剧上的几个问题（复习讨论提纲）

四论现实主义问题

　　——现实主义艺术与美感教育作用

发展了马克思主义，还是歪曲了马克思主义？

　　——论当前唯物史观基本原理的争论问题

马克思恩格斯关于《西金根》的批评

艺术分类

后　记


3. 朱立元《美学》（2001、2006、2016）

　　该《美学》由朱立元主编，高等教育出版社 2001 年首次出版，2006、2016 分别重新修订出版，是中国美学原理教材臻于成熟时期的代表，成为 21 世纪最为完整、平衡的标准体系。在美本质论和旧实践美学解构后，该著以审美活动论为中心写成实践存在论美学的原理教材，把审美活动看作人的一种基本存在方式和人生实践的重要组成，经由此方可抵达一种高级的人生境界（审美境界）。该著属于强学科论的原理著作，第 3 版导论以学科为中心，全面论述美学学科的历史生成的基本架构。三次版本修订不断拓宽审美文化学的视野，吸收人类学、考古发现成果，在审美形态论部分中西并举，勾勒出中国古代基本审美形态演进的逻辑与历史。

### 目　录

**第一编　导论：美学学科与美学基本问题**
　　第一章　美学是一门什么样的学科

4. 尤西林《美学原理》（2015）

该《美学原理》由尤西林主编，高等教育出版社 2015 年出版，是马克思主义理论研究和建设工程重点教材。该教材重申和改造了 20 世纪 80 年代业已形成的马克思主义哲学的实践论美学基本观点，把审美的基础与来源解释为哲学人类学本体意义上的劳动，以此将技术美看作人类物质生活中最基本的审美存在，从人类自史前到现代工业社会的社会劳动发展史出发解释审美的基本问题与现象。该著架构的以审美的本质论、形态论为中心的传统体系形态，跻身于中国美学原理前沿，是试图通过恢复真善美关联的价值体系，来阐释现代语境下审美生存、设计美学、生活美学等方面的新问题。

**目　录**

## 二、新时期特质探索中的中国美学原理著作

### （一）哲学型著作：实践论美学的建基与超越

中国美学原理的美学哲学研究发展之路，其共识是在不离开马克思主义哲学的唯物主义观点情况下，建设既与 20 世纪现代西方美学接轨，又具有独创性的中国美学哲学。实践论美学的建立、丰富、讨论、更新是历史演进的主干，在 80 年代以李泽厚《美学四讲》为实践美学的代表，90 年代在超越实践美学的声浪下形成后实践论诸流派，代表人物杨春时的《美学》在 21 世纪初取得了主流官方教材的地位。

#### 1. 李泽厚《美学四讲》（1989）

李泽厚《美学四讲》，由生活·读书·新知三联书店于 1989 年出版，是 80 年代中国美学理论探索的代表，提出了人类学本体论美学，也即主体性实践美学，建立了一种实践美学的美的哲学，展开为对美学、美、美感、艺术四个基本点的哲学分析。从马克思主义哲学的自然人化、自由形式的观点发展出主体社会实践、人性情感本体的自身理论柱础，由此得以统合社会学美学和审美心理学美学，通过社会历史积淀解释审美的心理结构。《美学四讲》在中西美学对话中确立自身体系的现代性、世界性意义，借鉴了形式主义、

49

分析美学、精神分析、原型理论、格式塔心理学等 20 世纪西方美学理论，同时在审美形态、艺术层次问题上表现出中国古典美学的内质。

## 目　录

2. 杨春时《美学》（2004）

杨春时《美学》由高等教育出版社于 2004 年出版，代表后实践美学，或者说生存-超越美学，是 20 世纪 90 年代批判、超越实践美学思潮多元话语中的先声与代表。21 世纪初，该著进入主流地位，适应于同时扩充为一种带有后现代特征的标准原理系统，客观上形成了对这一阶段的总结，体现了中国美学原理主流话语从整体性到个体性的演进。全书以存在论、体验论、现象学、解释学为哲学背景，把审美本质定为否定和超越现实而来的人的自由生存与个体本质实现，以概念定义和理论演绎的方式突破美学基本问题常规话语，围绕崇高的审美理想完整地建构了一个包含审美历史、现实、文化、功能的主体间性美学哲学体系。

## 目　录

## （二）文化型著作：走向现代化、全球化的中国美学

20 世纪 90 年代以来，中国美学从苏联美学模式、实践美学观点、美的本质问题走出，抽象的理论思辨转向具体问题和跨学科研究。同时学界进一步意识到了在西方美学强势话语之下的中国美学现代性、主体性以及世界美学的民族性、多元化问题。这种意识在 21 世纪初酝酿和发展为美学的文化学转

向，张法《美学导论》、王一川《美学原理》两著分别在其中的现代性和全球化问题上具有代表意义。

1. 王一川《美学原理》（2015）

该《美学原理》由王一川主编，中国人民大学出版社 2015 年出版。这是一部以审美体验为中心，面向现代社会审美现象，突出中国审美文化的著作。在理论渊源上，它提出了一个 20 世纪初至 80 年代以王国维、宗白华、朱光潜、李长之、陈寅恪为代表从不同方面接续的中国现代体验美学传统，亦通过言说 20 世纪以来中国现代审美现象，形成对中国古典美学的回望和接续。其作为文化型著作，一是结合了丰富的当代艺术现象分析，根据艺术作品物质媒介和表现手段分类的艺术论也显得更为科学和系统；二是具有大众文化批评和全球性视野，在人类社会历史总体演进形成的文化结构中建构了美与审美文化的形态学。

2. 张法《美学导论》（1999、2004、2011、2015）

张法《美学导论》由中国人民大学出版社于 1999 年首次出版，后于 2004、2011、2015 年分别修订出版，其中 2015 年第 4 版经过较大改动，更凸显文化型、知识型原理著作的风格，形成以美学学科论为核心的导论范式，在诸代表性标准教材中又属特殊。该著最大特征在于从审美文化史中重构美学理论，尤其是突出了以中国和印度为代表的非西方美学在世界美学中的特色和地位。其文化阐释模式乃是从宇宙观的高度进入审美现象，又从具体审美与艺术上升到理论。该著站在建立由中国文化传统而来的本土美学立场上，广泛地关联古今中外的理论文化资源，依既成的学科体系和问题结构进行组织，以一种比较美学的思路，较早地洞察到并在不断完善中跟上了后现代、全球化语境下的世界美学大势。

### 目录[①]

第一章　什么是美学：历史梳理

---

① 此为 2015 年第 4 版的目录。

# 日本美学原理著作：类型代表与演进逻辑

湖北大学文学院　叶　萍

**摘　要**：本文通过对大量一手资料的梳理与分析，探究日本从幕末到明治初期引进美学之后，在大学美学教学实践过程中所使用的讲义、教材及美学概念、定义、内容、结构、范畴、类型等内容的发展、更新、演变。通过分析美学教材从翻译、编译，到编著、独著的历史进程、学术思考与逻辑演进，本文认为：日本明治初期的美学教材主要采用翻译的西方美学论著；明治后期到大正时期，主要是美学新兴理论的引进、新思潮的阐释，教学讲义的编译结合，学者初建自己体系的尝试；第二次世界大战后出版的美学著作（讲义）则体现出学者个人对于美学概念的阐释、美学对象的设定、美学范畴的更新、美育教养的实践与美学体系的建构尝试。

**关键词**：日本；美学原理；教材；类型代表；发展逻辑

## 一、"Aesthetics" 的语词译介到 "美学" 译名的定式

"Aesthetics" 一词，幕府末年到明治维新初期进入日本，存在多种西方语言的书写方式与音译表达。比如，英文又写为 "esthetics"（イースセティックス），即可将 ae 写为 e；德语为 "Ästhetik"（エステーテイック）；法语 "esthétique"（エステテイック）；兰语（荷兰文中的拉丁文）为 "esthetica"（エステティカ）。最初的翻译可谓异彩纷呈，语词多样。从 1796 年兰学者稻村三伯、宇田川玄随、冈田甫说等编纂的日本第一部兰和辞典『ハルマ和解』（《波留麻和解》），将荷兰文 "schoone"（schöne）翻译为美（"绮丽"），到西周讲授《百一新论》（"善美学"）、《百学连环》（"佳趣论"，1868—1869）、

57

《美妙学说》（"美妙学"，1872）①，日本学人对于美、审美、艺术的翻译多有尝试，从鉴定学②到诗乐画、佳趣论、卓美之学、善美学、美妙学、美妙之学③到审美学、美学，逐渐完成并明确，对"aesthetics"一词的翻译达成了共识。这其中，高桥新吉的《和译英辞书》（鉴定学，1869）、小幡甚三郎④《西洋学校轨范》、西周的《百一新论》《百学连环》《美妙学说》、堀达之助⑤的《英和对译袖珍辞书》⑥，等等，都对美与美学的翻译进行了有益的尝试和推进。

日本对于美学译介与研究是从西周 1870 年在西学私塾育英舍⑦讲授《百学连环》开始的，从作为美学始源的古希腊美学到鲍姆嘉通、康德等的美学均有涉猎。东京大学设置美学课程是在《百学连环》讲授后的 11 年。1881年，东京大学在外山正一⑧等人的主导下，开设了"审美学"课程，课程的名称接上了小幡甚三郎《西洋学校轨范》中关于"审美学"（Aesthetics エスタチゥクス）⑨ 的翻译。美学课程的设置得到了学长滨尾新的支持，这是日本教育史上在大学第一次开设美学课，授课教师就是外山正一本人。同年，井上哲次郎、有贺长雄增订的《哲学字汇》，也将"Aesthetic"翻译为"美妙学"。这一时段，"Aesthetics"作为"审美学"与"美妙学"在教学与学术研究中并行。

明治四年（1871）日本国家教育机构文部省设立，参照欧美诸国的教育

---

① 西周『美妙学说』、大久保利谦编『西周全集』第一卷、宗高书房、1964 年、447—492 頁。

② 日本学者借用汉字，第一次翻译拉丁文的"aesthetic"，其出处是荷兰文辞典。借此我们可以窥视荷兰文、拉丁文、德文与日文之间的译介及关系。

③ 这些语词都是西周在《百学连环》《百一新论》《美妙学说》等论著中对"aesthetic"的翻译。

④ 小幡甚三郎（1846—1873），日本明治时期的教育者、翻译家，开成所教授，1873 年随中津藩主奥平昌迈访美，急病客死于美国。主要译著有《洋兵明鉴》《西洋学校规范》等。

⑤ 堀达之助（1823—1894），江户时代末期（幕末）的幕府翻译、辞书编纂者、开拓使官僚。佩里来航时担任小词通，参与了《日美和亲善条约》的翻译工作。后任蕃书调所对译辞书编辑主任。主编《英和对译袖珍辞书》。1863 年任开成所教授。1865 年任箱馆奉行通词，并培育英语翻译人才。明治维新后担任箱馆裁判所参事、文武学授挂、一等翻译官等职。

⑥ 英语书名为"A Pocket Dictionary of the English and Japanese Language"。主编为堀达之助，编辑有西周助（周）、千村五郎、竹原勇四郎、箕作贞一郎（麟祥）等。

⑦ 大久保利谦认为：育英舍是日本近代第一所致力于研究型教育（Universities）的私塾。参见大久保利谦编『西周全集「解说」』第四卷、宗高书房、1975 年、601 頁。

⑧ 外山正一（1848—1900），日本明治时代的社会学者、教育家，曾任东京大学教授、文学部长（文科大学长）、校长、文部大臣等。美学课程的设立者。主要著作有：《民权弁惑》《新体诗抄》《演剧改良论私考》《外山存稿》等。

⑨ 小幡甚三郎『西洋学校轨範』、尚古堂、1870 年。

体制建设日本的学校制度，主导了大学学制与学科的建设[1]。1884 年中江兆民接受文部省的委托，翻译了法国记者、社会学者维龙（Eugène Véron）[2] 的 *L'Esthétique*（《美学》），译定为《维氏美学》。《维氏美学》明确了美学的学术命名与学科名称。当然，中江兆民的翻译并非空穴来风、无迹可寻，而是草蛇灰线，有其学理的踪迹与承继关系。中江兆民 1868 年回到东京，第二年由高知藩公职人员毛利恭助担保进入箕作麟祥的私塾——共学塾[3]，钻研法兰西学问。箕作麟祥欣赏中江的语言与才能，介绍其进入开成所（开成学校）学习并担任助教。此时翻译、讲授美学、逻辑学、伦理学、心理学及相关科目的知识、文献的西周、小幡甚三郎、中村正直、箕作麟祥等都在开成所以及后来的开成学校任教授。箕作麟祥本人既担任开成所的御用挂，同时担任外国官（外务省）御用挂、兵库县御用挂。1871 年明治政府设置文部省后，箕作麟祥担任文部省的制度起草委员长，负责学制的起草与定制，学科设置、教材建设与学术的推进工作。当时的日本，学制初设，大学初创，课程初设，学科设置仍在探索，教师缺少，教材匮乏，生源不足。为了适应、满足教学需要，急于寻找、筛选合适供教学与研究使用的讲义、著作。在美学作为新兴学科，急需可供教学使用的教材与参考文献的档口，翻译国外现有的美学著作作为讲义，应该是可寻到的方便法门，因此委托通晓语言的可靠的学者、学生、知识分子进行翻译也就顺理成章了。中江兆民就在这样的形势下，被文部省选为美学教材的译者，进行了《维氏美学》的翻译。《维氏美学》翻译之前，西周已经开始在其育英舍讲授《百学连环》，也作为御进讲讲完了《美妙学说》（1872）。从学校与师承的视角观之，《维氏美学》中的"美学"一词，可以说是"美妙学""审美学"的节缩与省略。正是这一创造性的缩略，完成了日本的美学翻译，也成就了汉字"美学"名词在东亚的译介与传播。但是，《维氏美学》未能进入大学成为教材，这应该有两个方面的原因：一方面，日本大学崇尚学术学理，而《维氏美学》的作者维隆并非学院派，而是记者与社会工作者，所撰写的美学著作难以获取大学教授认同，留洋归来的

---

① 文部科学省『学制百年史·近代教育制度の創始』https://www.mext.go.jp/b_menu/hakusho/html/others/detail/1317567.htm.

② 欧仁·维龙（Eugène Véron，1825—1889），法国哲学家、评论家。巴黎高等师范学校毕业后曾经从事新闻记者活动，担任《埃罗自由报》主编、《里昂进步报》政治主任。巴黎公社后，1873 年，他在里昂自费创办了报纸 *La France républicaine*，不久后被查封，之后回到巴黎，担任《美术公报》的编辑。晚年被任命为高等美术委员会委员、省级博物馆的首席检查员。主要著作有《美学》（*L'Esthétique*，1878）等。

③ 幸德秋水『兆民先生』、博文館、1902 年、9 頁。

教授、学者更愿意直接翻译使用西方大学学者的著作、讲义；另一方面，《维氏美学》的翻译并不是对原文的信、达、雅的直译，中江兆民依据自己的理念进行了发挥，其中有大约百分之三十的内容是根据自己的理解编译的①。这样非学院派加编译式的翻译美学出版后，引发了很大的论争，遭遇到大西祝、森林太郎（森鸥外）、高山樗牛等人的批评，认为《维氏美学》"选择无谋，译文粗笨"②，也就在所难免了。虽然《维氏美学》的翻译出版遭遇多方批评，未能如官方与译者设想的那样真正进入大学成为美学教材或者参考书，而"美学"这一词语却经由《维氏美学》的编译确定下来，成为一门课程、一个学科、一种学问的专有名词，在汉字文化圈得到学界的认可、使用并传承、发展。今道友信认为，中江兆民所翻译的《维氏美学》是汉字文化圈中使用"美学"一词的最早记录。《维氏美学》由文部省编辑局于 1884—1885 年出版，分为上下两册。目录如下：

## 目　录

（上册）

绪　论

第一部

第一篇　技术的起源及其类别

第二篇　美学的快乐的本原及其性质

第三篇　嗜好

第四篇　艺术之人才

第五篇　技巧

第六篇　美学是什么

第七篇　美丽之术　意趣之术

第八篇　手法

---

① 井田進也『中江兆民のフランス』、岩波書店、1987 年、316 頁。参見佐佐木健一『日本的近代美学（明治・大正期）』、平成 12 年度—平成 15 年度科学研究費補助金基盤研究（A）（1）研究成果報告书、平成 16 年 3 月、74—84 頁。

② 高山樗牛「現今我邦における審美学に就いて」、『樗牛全集』第一卷（日本図書センター復刻版）、1926 年、181 頁。

（下册）

第二部

作为学院派以外的美学著作，《维氏美学》关注艺术的起源及其分类，审美快感的本原与性质、审美趣味与鉴赏对象、艺术创作与鉴赏人才的培育、艺术技巧、艺术手法、艺术分类，等等。《维氏美学》的翻译促成了语词概念由"审美学"向"美学"的转换与确定，在学术概念与学科名称的创建方面，具有积极的意义。"但是，美学的启蒙，并没有从应用的性格超脱出来"①，尚未真正完成向哲学美学、科学美学的多元化研究和发展的转换。

## 二、美学课程的设置及初期美学原理的选择与使用

美学课程的设置开启的学院式美学的教学与研究，对于美学教学、研究、传播、普及具有重要的意义。通识性的美学课程，一般安排在大学一年级的第二学期；研究型的美学（演习与学术课程）从大学三年级开启，正式进入研究室，跟随导师选择专门课题进行学习研究。美学课程成为教养阶段的必修课，公立大学、私立大学和师范学院（校）通过美学课程的设置，对美与美学的性质、概念、范畴展开讲授，对美学史、美学家及美学流派的学理、观念、研究方法进行介绍，辨析美意识、真意识、善意识，审美的非功利与功利，引导审美情感、审美移情、审美理想，这不仅丰富了大学生的知识，还开阔了学生的视野，提高了学生的审美水准。研究型的课程属于专业教学，除了课堂教学外，集中进行研究选题、资料搜集与整理，论文写作、发表

---

① 金田民夫『近代日本美学序説』、法律文化社、1990 年、68 頁。

（宣读）的训练，教学相长，促进了美学的研究与传播。

东京大学在明治十四年（1881）设置了美学课程，在明治二十六年（1893）正式设置美学讲座（研究型学科），这在世界上也是比较先进的。因为当时英、法、德等国的大学美学设置在哲学科目之下，并非独立的讲座学科。外山正一作为东京大学的第一代日本人教授、文科学长，直接推动了美学课程的设立并担任了第一任美学教师。东京大学之后，哲学馆、东京美术学校、庆应义塾大学、东京专门学校（后更名为早稻田大学）等纷纷开设了美学课程。

美学课程设立之初，既面临任课教师的短缺，也面临教材讲义的匮乏。为如何推进美学的教学与研究，使教科书、参考书、课堂教学形成良性循环互动，大学的专兼职教师、学生与明治政府的文部省都参与教材建设之中。这一时期，美学理论（概论）的教材建设主要呈现为这样几方面：第一，直接翻译（编译）西方美学家的著作作为教材，如森林太郎、大村西崖翻译的《审美纲领》（哈特曼原著），松本孝次郎①编译的《美学讲义》（费希纳原著）；第二，任课教师参考西方美学论著编写讲义，如岛村泷太郎编写的《美学概论》、小屋保治编写的《美学讲义》（东京专门学校，1891）；第三，编写与翻译结合的讲义，如外山正一、大西祝、井上圆了、岛村泷太郎等在教学中所做的尝试。美学课程初设时期，翻译、编译、编辑的美学理论教材与讲义，为教学提供了重要的学理依据——知识体系，概念范畴、历史发展、逻辑演变。无论是形而上的哲学美学，还是形而下的心理学美学，教师依托自己的知识体系、研究所长进行选取，在教师与学生之间、学校与学校之间形成了交流与互动，一定程度上推进了美学教育与研究的发展。

森林太郎、大村西崖的《审美纲领》（春阳堂，1899）编、节译自德国哲学家爱德华·冯·哈特曼②的《美的哲学》（*Die Philosophie des Schöenen*）。森林太郎在庆应义塾大学、东京美术学校作为外聘教师讲授"审美学"课程时将其用作讲义。其目录如下：

---

① 松本孝次郎（1870—1932），日本教育心理学家，儿童心理学的首位研究者，东京高等师范学校教授。1898 年在哲学馆主讲美学，其美学讲义主要编译自费希纳 1871 年所著的美学论文集《实验美学论》。

② 爱德华·冯·哈特曼（Karl Robert Eduard von Hartmann，1842—1906），德国生命哲学、新康德学派哲学家。主要著作有《无意识哲学》《美的哲学》等。

## 目　录

与庆应义塾大学同在明治二十四年（1891）开设美学课程的是东京专门学校，初任教师有被誉为"日本的康德"的大西祝[1]，以及大西祝推荐的当时尚未毕业的东京大学四年级学生小屋保治[2]。从1891年到1895年这段时间内，庆应义塾大学、东京专门学校两所私立大学所使用的审美学讲义，都是哈特曼《美的哲学》的摘编与翻译。

森林太郎的讲义立足于自己的编译，更注重形而上的审美理念、审美现象、审美层次、审美的多样性、审美的社会性以及美的类型与样式等，比如美的理想，真、善、美的差异，美的现象的类别，审美快感，审美的能动与受动，具体的美与抽象的美，美的范畴——优美、崇高、滑稽、丑，自然美与艺术美等；而小屋保治则在讲授中关注由美学家的学说构成的美学史。《美学讲义》第一卷讲授美学的历史，在美学的根源之后，重点讲授希腊美学、中世美学、近世美学；在美学本论中，着重讲授纯粹的美学；在艺术批评方面，导入了艺术批评的审美标准与比较美学的研究。从现今早稻田大学保存的小屋保治手书《美学笔记》可见，讲授内容有如下几个方面：

----

[1]　大西祝（1864—1900），日本思想家、哲学家，被誉为日本哲学之父、"日本的康德"。曾在东京专门学校任教，担任哲学、伦理学、心理学、美学等课程的主讲教师。将德语的"Aufklärung"翻译为"启蒙主义"。主要著作有《西洋哲学史》《逻辑学》《伦理学》《大西博士全集》（7卷）。

[2]　小屋保治即大塚保治，原姓小屋，后作为婿养子与东京地方法院院长之女大塚楠绪子结婚后，改为大塚保治。1891—1895期间担任东京专门学校美学教师，讲授哈特曼的美学。

## 目 录

森林太郎与小屋保治都借助哈特曼的理论讲述美学，他们不约而同地关注费希纳以后的西方美学研究——社会学美学、心理学美学，关注人的审美感觉、审美经验、审美鉴赏、审美快感、审美理想，关注审美的非功利与审美的无意识等问题，以及艺术批评的标准问题。他们将 19 世纪末的西方美学的发展趋势、局面转换，学界视域与研究问题引入美学教学，一方面尽可能与西方美学的发展进程缩短距离，接上关系；另一方面所讲授的美学前沿问题极大地拓宽了学生的视野，为日本美学艺术学研究者的培养夯实了知识学的基础。这段时间讲授美学的日本教师除大西祝、森林太郎、小屋保治，还有中川重丽、井上哲次郎、高山樗牛、岛村泷太郎、松本孝次郎、黑田清辉等人。他们在学习中讲授，在教授中探讨，或自编，或翻译，或编译结合，在日本各大学讲授美学原理，普及美学知识，灌输美育理念，使美学成为大学生的必修课之一。美学理念与知识的讲授与传播，教养主义美育理念的实践，对日本"改造国民性"，建设现代国家，推进物质生产与精神文明与西方同步，起到了潜移默化的作用。

## 三、走向全面成长的美学原理教学与教材

明治二十九年（1896），大塚保治赴欧留学，高山樗牛在《送大塚文学士》中这样写道："在文科大学设置哲学一科，经过过去的十数年时间，专攻审美学的仅有大塚保治君一人。君确实肩负着对我国审美的美术解释的责任，对于东西美术比较研究的责任。"[①]

1900 年，大塚保治从欧洲留学归来，被任命为东京大学首任美学主讲教授，成为日本学术美学的学科创始之人，着力关注并推进美学的学术化与教养化（美育）。高山樗牛的愿望逐渐成为现实。大塚保治开启了日本的学院派美学讲座（课程），培养了大西克礼、阿部次郎、和辻哲郎、九鬼周造等学者。森林太郎引进哈特曼的形而上美学前后（明治二十二至二十三年，1889—1890），大西祝、元良勇次郎等人从教养（美育）教育考量，引进了心理学美学，也为大塚保治的教学与研究提供了相当充分的基础准备。美学主讲教授的任命、美学研究室与学科的设置、系统课程的开设，这在日本大学教育史上是第一次。此后到退官之前，大塚的《美学概论》主要关注这样几个问题：第一，作为科学的美学的问题与方法；第二，关于美的体验、美的对象的研究；第三，审美直观；第四，美的感动。其认为审美对象的观察方法有三种：社会学的美学，心理学的美学，哲学的美学。大塚的《美学概论》观照欧洲美学教学与日本美学教学之间的联系；强化了知识学、学院派美学教学研究的知识体系与内在逻辑，并使之制度化；将美学教育与审美教养的培育结合起来，让美育成为心灵自由、审美自由的助推器，为学生精神成长提供根基性的价值参照与精神底线。

1900 年开始到第二次世界大战前活跃于日本各大学讲授美学原理的有大塚保治、金子马治[②]、滝精一、深田康算、阿部次郎、大西克礼、植田寿藏、

---

① 高山林次郎「送大塚文学士」、斋藤信策、姉崎正治编『樗牛全集』第 2 卷、博文馆、1912 年、345—348 页。

② 金子马治（1870—1937），日本哲学家、评论家，早稻田大学教授。笔名金子筑水。主要著作有《艺术的本质》《美学及艺术学讲义》《欧洲思想大观》《现代哲学概论》《逻辑学》等。

黑田鹏心、渡边吉治①、山际靖，以及任教于当时韩国京城大学的上野直昭等学者。这一时期美学理论（概论）教学所使用的讲义主要有深田康算的《美学艺术学讲义》、阿部次郎的《美学》（东北帝国大学）、大西克礼的《美学原论》《美学》（东京大学）、植田寿藏的《美学》（九州帝国大学、京都大学）等。

    1. 阿部次郎的《美学》

## 目 录

---

① 渡边吉治（1891—1930），活跃于昭和初期的日本美学家，东京大学美学研究室教授。深受李凯尔特新康德学派的影响，主要著作有《现代美学思潮》《美学的根本问题》《美学概说》《美学原论——批判美学的一种研究》等。

阿部次郎是日本继大塚保治、深田康算之后担任美学教授的学者，与和辻哲郎、安倍能成等人一样，是具有典型的大正"教养主义"（美育）理念的学者，《美学》是他依据利普斯的 *Aesthetik*，*Leit faden der Psychologie*，*Die ethischen Grund fagen*，*Aesthetik*（*Knltur der Gegenwart*）组合编译的，也是他教学时使用的讲义，被收入岩波哲学丛书。可以说，阿部次郎以"美学的一般理论概说为构成原则，从利普斯《美学》（第一部）中抽出其原理性的主张，而且，为了说明其主要概念，还援引了利普斯的其他著作，阐述了移情论美学的精髓"①。与利普斯的著作相对照可以看出，阿部次郎从利普斯关于美学、心理学、伦理学的著作中抽取了有关的美学论述进行翻译与重新整合，编译出他的讲义。阿部次郎运用"审美移情""美的价值"，美的"多样统一""相通与分化"，美的情感移入、美的诸相、美的观照、美的人生等主题来编译建构了一本新的《美学》，理论、观念、范畴属于利普斯，而系统重建、结构方式、论述语言则属于阿部次郎。《美学》作为利普斯美学的概论讲义式论著，其目的不在于介绍利普斯的学说，而在于"遵从利普斯的根本观念，对美学的诸问题进行自我的考察"②。阿部次郎试图通过整合利普斯美学以建构一种"自内而外"的"纯粹的自身美学"——人格主义美学，通过美育教养来促进世界文学的进步，促进日本文化的进步。但是，阿部次郎并没有完成自己美学体系的建构，一方面是按学期循环的美学教学耗费了他大量的时间和精力；另一方面，即使是后期他将关注点转移到了狄尔泰的文化哲学，仍没能完全确立以人格主义美学代替移情论美学的理论基础立足点。

阿部次郎是与深田康算并行，多学科、多角度编译并着力介绍与研究利普斯美学的学者，以形而上的思考助推形而下的美学研究，以内在的情感移入审美对象，初步尝试了上－下、内－外美学的构建，为推进日本的心理学美学研究做出了重要的贡献。

2. 大西克礼的《美学》（上、下）

**目 录**

（上册）

序论　美学方法论的问题

---

① 大石昌史『阿部次郎と感情移入美学』、『哲学』第 113 集、三田哲学会编集委员会编、2005年、93－130 页。

② 阿部次郎『美学』、岩波书店、1917 年、1 页。

　　大西克礼的《美学》是他于 1930 年继大塚保治之后担任东京大学美学主讲教授以来全部讲义的集合，是大西美学研究中分量最重的体系性著作。《美学》分为两册，上册是美学基础论，下册是美的范畴论。《美学》研究中，大西克礼试图将东方的审美意识、艺术特性纳入美学的研究，突破长期以来美学教学与历史研究中西方美学的单一性，独自建构纯正的美学体系。在基础理论中，除了关注科学的美学与哲学的美学的分野，分析康德及现象学美学等学说，关注情感移入过程中"自我的价值情感""对象的价值情感""理想美的情感"等美学理论问题、历史问题的梳理，还尝试开拓新的研究层面与范围。在美的范畴研究中，将日本美学中的"幽玄""哀""寂"等固有概念以及日本的"自然情感"纳入研究范围，实现了"美的体验"与美学范畴的根本性改变与突破性创新。大西克礼关注德国自上而下的"观念论美学"以及自下而上的"心理学美学"、现象学美学的发展与演变，特别注意审美体验与范畴之间的关系，认为："相对于形式的一方面，'直观''接受''自然感的契机'三者，其本源的关联性经常被认为是'美的体验'的构造；相对于具有形成倾向的另一方面，'感动''生产''艺术感的契机'三者之间的关联性揭示的是自然的本源的关系。"三对彼此对立统一的契机相互交错，形成了各种"美的价值形相"的相互联系、互为优先的关系，因而产生出不同的美学范畴——基本范畴与派生范畴。"当'自然感契机'及与之关联的'直观''受容'占据优势时就产生出崇高范畴；当'艺术感契机'及与之相关的'感动''生产'占据优势时就产生出幽默范畴；而当二者之间保持比较完美的均衡状态时，便产生出狭义上的美的范畴。"美学的基本范畴为美、崇高（壮美）与幽默，美学的派生范畴为优美、悲壮、滑稽与幽玄、哀、寂，其中，优美、悲壮、滑稽三个范畴基于西方民族的审美体验派生而来；幽玄、哀、寂三个范畴基于东方尤其是日本的审美体验派生而来。大西克礼在对于西方美学充分研究的基础上，将日本美学中的幽玄、哀、寂作为审美范畴纳入美学研究的体系之中，超越了同时代的东西方美学研究者，突破了美学研究历史进程中近代以来的西方美学单一性再生产固定化性程式，成功构建了东西美学融合的体系，开了日本的比较式、类型化范畴论美学研究的先河。

3. 植田寿藏的《美学》

### 目 录

第一章　美的背后
　　一　序论　伏尔盖特的感情移入说及其难点
　　二　作为看的事实的《尼俄伯群像》
　　三　美的对象的物体性
　　四　作为美的意识的背后的"意味"
　　五　作为意味的背后的"意志"

　　植田寿藏是继深田康算之后接任美学艺术学讲座教授的第二代京都大学美学家，"植田美学无论如何都无条件地属于'京都学派'的范畴，这是毋庸置疑的"[①]。在日本，大学美学研究并不是纯粹的理论研究，往往是美学的理论研究与艺术品、艺术实践研究结合，所归属研究室大多是美学艺术学研究室或者美学美术学（美学美术史）研究室。教学方面，既关注世界美学理论的发展进程，同时也关注艺术史与艺术创作实践的历史与现实。植田寿藏的

---

　　①　神林恒道『京の美学者たち』、晃洋書房、2006 年、45 頁。

《美学》就很好地呈现出美学、艺术学结合的教学实态。《美学》是植田在九州帝国大学、京都大学的授课讲义，也曾被收入岩波哲学丛书。植田寿藏的《美学》①首先介绍了伏尔盖特（Johannes Volkelt）的移情论美学的难点之后，就转入作为视觉审美对象的艺术作品（作为看的事实的）——尼俄伯群像的分析与探讨。植田在《美学》中强调美学的视觉性、听觉性、想象性等意味，强调审美的"知觉"与"融合"，强调审美对象的"物体性"，强调审美意识的"表象性"。强调审美意味背后的"意志"是植田美学的重要特点。与阿部、大西克礼美学不同的是，植田美学始终没有脱离对艺术从"见与知"到"见与欲"的差异与区别，认为艺术就是描绘自然，艺术要超越对于美的描绘，达到表象的高度。在审美类型（范畴）的阐述中，植田依然没有脱出西方美学的分类方法与模式，将美的范畴分为两类——感觉的美、高层次的美，感觉的美包括优美、丑、悲哀、滑稽，高层次的美包括崇高、悲壮、洒脱。植田美学的"表象性"成为其美学的特色，是继森林太郎翻译《审美新说》之后，深田康算、阿部次郎介绍"情感移入"的美学之后，接着讲授伏尔盖特美学的学者。

从大正到昭和前期，日本美学理论（概论）处于独立探索、多样呈现的阶段，各大学的美学讲座主任教授都立足于自己的研究，在教学中发挥自己的特长，开启了日本独立的美学教材与讲义的构建，无论是整合西方美学理论的编著，融合东西方美学范畴的创建，还是立足于艺术观照的美学理论，推进美育的社会美学努力，都为日本美学教育与研究打好了基础，拓宽了路径，培育了继承者。

## 四、第二次世界大战后日本美学理论的样貌与形态

二战期间，日本大学的教学在继续，美学的教学也得以继续，但由于战争带来的社会秩序的持续恶化，人们的心理越发不安，大轰炸导致部分师生不得不疏散，学校经常会出现一位教授给一两个学生授课的情形②。战争的严酷与思想的桎梏极大地影响了学者的研究与学术的发展。校舍被毁，出版困难，美学的论文与著作也减少了。残酷的战争并未能让美学学者完全停止思考，但也迫使他们的研究出现转向，更多地去思考如何将西方美学体系与东

---

① 植田寿藏『美学』（岩波講座・哲学）、岩波書店、1927年。
② 今道友信『知の光を求めて——哲学者の歩んだ道』、中央公論社、2000年、45-63頁。

方的日本美学体系相结合，由以西方美学体系为主导向以东西方美学为主导的融合。大西克礼、植田寿藏、竹内敏雄以及学生时代的今道友信等人都在思索与探究。如果说东京大学的美学更注重形而上的体系构建，那么京都大学的美学则更注重艺术对象的审美与观照，注重审美教养的培植。战后，美学的东大学派与京都学派，就是在这一时期开始逐步形成、聚合和发展的，学派的形成是日本美学成熟的标志。

战后日本美学的教学迅速复兴，美学会成立，凝聚了东西部学者的精神，美学理论教学与研究交流、碰撞，促进了美学的发展。从二战以后到 20 世纪末，日本涌现出一批有影响力的美学家。昭和前期就进入美学研究领域的大西克礼、植田寿藏、中井正一、上野直昭、金原省吾、园赖三、矢崎美盛、井岛勉、竹内敏雄等自不待言，更年轻的学者也在战后迅速成长，如今道友信、吉冈健二郎、木幡顺三、挂下荣一郎、金田晋、佐佐木健一等，他们或活跃于国际美学界，或执着于自己的教育与研究，为使日本美学与西方美学研究同步，提升东亚与日本本土美学研究的水平，促进东西方美学的交流，做出了自己的努力与贡献。

1. 井岛勉的《美学》

井岛勉的《美学》是战后最早出版的美学理论著作，其目录如下：

**目　录**

序

第一章　美学的成立

　　1. 古代的美学

　　2. 中世的美学

　　3. 近世的美学

第二章　美学的课题

　　1. 美的问题

　　2. 美的快感的问题

　　3. 美与艺术的问题——美学与艺术学

第三章　美与艺术的原理

　　1. 美的形式的考察——表象性

　　2. 美的内容的考察——生的自觉

　　3. 美的体验的诸问题

　　井岛勉的《美学》是他在京都大学的讲义，从某种意义上说，也是他继承与扩宽了植田寿藏的表象性美学而发展起来的美学理论。与植田不同，井岛不再特别强调艺术的"物体性"与"想象性"，而着重于其"表象性"。他试图从体系的立场来书写一本美学入门的书，为有志于美学的初学者提供学习、解惑、思考方法的参考①。基于这样的理念，井岛勉首先进行了美学史的简单梳理，非常简约地介绍了古代美学、中世美学、近世美学，其关注的侧重点依然在艺术而非哲学的美学理论，分析艺术模仿自然、艺术与自然的关系等。在美学的确立与建构方面，首先介绍了鲍姆嘉通与美学的确立，然后推进到英国经验主义美学与德国理性主义美学——康德、席勒、谢林的美学，认为"哲学家们在关于真理与道德与神的探讨之际，不可避免地要触及美与艺术的问题；艺术家们在确信自己在艺术上的思潮与技法的时候，也会论及理论与形式"②。在美与艺术的原理的考察中，井岛勉关注形式的表象性，试图通过所"看见的"来发现"制作的"内在动机，探究美与艺术的内在关联；对于"看见的"形式位置与"能见"的视觉性、"听见的"时间过程与"可听的""表象性"，以及文学等文艺作品的"语言性"一道如何成为"自在的美"，成为"美的对象"的存在性格进行分析，指出艺术类型的差异性；把艺术作品的材料、描写、心理、精神的内容——解明，阐释抽象化、平均化艺术现象的具体性与历史的个性存在的危险性，强调艺术作品的个性与艺术的历史性的关联，"当考量艺术作品是一个历史的世界时，不可不看到作品的内容、作家的个性所包含着的民族、时代、社会等历史的契机与风土的契机"③。

---

① 井島勉『美学』、創文社、1958年、1頁。

② 井島勉『美学』、創文社、1958年、3頁。

③ 井島勉『美学』、創文社、1958年、3頁。

井岛勉一生致力于人类学美学的视角与方法，试图通过艺术的美学教育的普及、技术的掌握，来实现人的自由、解放、自主、创造，从而达成学术、道德、艺术的共通，显现着战后美学家探索人道主义精神与人文关怀的持续努力，以及从事美学与艺术教育的不断实践。

2. 竹内敏雄的《美学总论》

## 目　录

本篇　美学基础论
序论
　第一节　美学的命运与使命
　第二节　美学的对象领域
　第三节　美学的方法论的定位
第一章　美的存在相
　第一节　美的虹霓性
　第二节　美的孤岛性
　第三节　美的深渊性
第二章　美的体验的构造
　第一节　自然观照
　第二节　艺术创作
　第三节　艺术观照
第三章　美的对象的构造
　第一节　素材的复杂
　第二节　形式的解析
　第三节　内容的解析
第四章　美的价值的原理
　第一节　表象上的调和
　第二节　形式上的调和
　第三节　表象与形式的调和
第五章　美的诸种特殊形态
　第一节　美的快乐的问题
　第二节　美的真的问题
　第三节　道德美的问题
　第四节　技术美的问题

　　竹内敏雄是东京大学美学开山教授大塚保治的关门弟子，也是东京大学的第三代美学家，建构美学的东大学派的重要学者之一；战后日本美学会的创始人兼第一任会长，《美学》杂志的主编。《美学》是他继承大塚、大西两位先生的学术衣钵，在大学 25 年间美学教学授课讲义的总结、理论的精华。竹内敏雄的《美学总论》分为本篇"美学基础论"与续篇"艺术哲学"两部分，本篇阐述与美学的一般体系相关联的诸根本问题，续篇由以视觉为中心的艺术理论与广义的技术的一般原理构成。"一方面，构建美学的固有体系，另一方面，构筑广义上的一般技术原理，并在上述两个基础理论之上尝试重构艺术理论乃至艺术哲学，是我的夙愿。但是，这一构思过于宏大，难以在一本书中全部论及。在此，设想先将美学的基础理论的问题领域设为主要目标，归纳自己的相关见解；关于艺术之学，仅论及其特殊文化的作为审美－技术性的存在的本质，以及与其分化类型相关的问题领域。"[①] 究竟什么是美，竹内给出的解释是："美，作为美学的研究对象，必须是能够从本质上完整地理解与把握美的价值的东西。这种严肃的美学意义上的美，只能是一种理念。"[②] 竹内敏雄在本篇依照西方美学的框架来建构的美学体系，包括了关于美的本体论、存在论、价值论与形态论，与亚里士多德、黑格尔等的思想一脉相承。在竹内敏雄看来，作为"美"之"学"的美学，存有一种天然的悲剧性，美学的悲剧在于，美的事物之美不仅仅需要感受的体验，还需要思维的考察，其作为"学"的规定性与其认识对象的本性之间，存在着根本的背反性关系，美学从确立开始就注定了命运的艰难。关于美的存在相，竹内敏雄以美的虹霓性、孤岛性、深渊性进行了阐释，既是对美的外观的分析，也是对美的本质的探究。虹霓性指的是：在纵的方面，美的瞬间存在犹如彩虹跨过天空，光彩炫目，使天地相接，却稍纵即逝；在横的方面存在遁走性，以假象再现，却瞬间移行，倏忽变貌。美的孤岛性指的是：美往往在假象中

　　① 竹内敏雄『美学総論・序』、『美学総論』、弘文堂、1979 年、11 頁。

　　② 竹内敏雄『美学総論』、弘文堂、1979 年、70 頁。《美的存在相》，崔莉、梁艳萍译，《外国美学》第 25 辑，江苏凤凰教育出版社，2018 年。

闪现，远离生活中"生"的洪流，疏离于现实，是非功利性的存在。美的对象也常常作为排他的、孤立的、自闭的、完满的事物存在着，隔绝、超越生活而凸起时，即为孤岛。"成立于主客体之间的美，呈现出远海的孤岛一般的存在相。"美的深渊性是指："美一方面表现出超越其历史现实的孤高的静止相，另一方面它本身又蕴藏着能从内心深处撼动人类灵魂的深度。"美的深度、感情的深度，情绪象征的深度，存在论的深度，艺术美的深度……洞察其根源，都犹如大海，深不见底，极具幽暗性，因为"美并不存在于客体或者主体中的某一方，而是存在于两者的相互关系之中"。本编中，竹内敏雄分析了美的体验的构造、美的对象的构造、美的价值的原理、美的诸种特殊形态，等等，在西方美学理论的架构中融入了东方的元素，观照东方自然美，强调天才、审美与艺术的自然属性等。竹内敏雄关注美的特殊形态——美意识的快乐性、美的真的问题、道德美的问题与技术美的问题，抽离了对于一般审美范畴的阐述与分析，将其让渡至样式的类型学之中，提供了知识学的导引与阐释。续编讨论艺术理论——美学与技术哲学、艺术与技术的关系，艺术的类型与样式。竹内敏雄所说的"技术美"主要是指工艺技术（包括生产中的工艺技术）之美，表面看技术美与美的实现存在矛盾，其实，二者可以共存，相互调和，共同使人生变得丰富多彩[①]。竹内敏雄的美学既有对美学"元理论"的思考与探索，又有对具体艺术、技术之美的关注与判断，从美的三重性到技术美的三种类型，不仅重新阐释美的性质，也在重构审美对象，从而更新了美的结构，进一步回答了技术时代的美学与艺术的问题。

3. 今友道信的《讲座美学》

今道友信的《讲座美学》共有五卷，其中第二卷《美学的主题》、第四卷《艺术的诸相》主要探讨美学的基础理论。目录如下：

## 目　录

**美学的主题**

1. 自然

2. 美

3. 美的经验

4. 艺术

---

① 竹内敏雄『現代芸術の美学』、東京大学出版会、1967年、83頁。

5. 想象

6. 象征

7. 装饰

8. 型　形　姿

9. 创造

**艺术的诸相**

序论　关于艺术

1. 西洋音乐（一）

2. 西洋音乐（二）

3. 东洋音乐

4. 诗学

5. 修辞学

6. 演剧（话剧）

7. 日本的艺能

8. 舞蹈

9. 造型艺术

10. 绘画的事物

11. 建筑

12. 设计

13. 电影艺术

今道友信是日本乃至东亚具有国际声誉与影响力的美学家，二战期间入学，战后完成大学与研究生的学习后留学德国、法国，此后游走于东西之间，向哲学大师请教，与美学哲人对话[1]，留下了卷轶不菲的论著，包括《美的位相与艺术》《东洋的美学》《同一性的自己塑性》《通向超越的指标》《美的存立与生成》《解释的位置与方位》《艺术与想象力》等，建构了层楼复叠的美学结构体系（这是另外一个论题）。

在东京大学美学艺术学研究室担任主任教授期间，今道友信主编了《讲座美学》，承担写作的学者来自日本、韩国，主要是东京大学美学学科毕业并在日本各大学担任教职的弟子与校友，可以说是美学的东大学派的集体亮相。

---

[1]　今道友信与杜夫海纳、帕斯莫尔、库塞纳斯基等人的对谈，参见『講座美學』卷五『美学の将来』、東京大學出版会、1985 年。

《讲座美学》共有五卷，分别是《美学的历史》《美学的主题》《美学的方法》《艺术的诸相》《美学的将来》等。这套《讲座美学》目的在于呈现日本学者当时的研究与表达，展示世界美学研究的实情，诱发读者围绕美与艺术的思考，成为美学研究的良伴①。

《讲座美学》的第二卷《美学的主题》与第四卷《艺术的诸相》讨论美学基础理论——美学体系的主题的理论构成与美学研究对象的存在。《美学的主题》由"自然"开始，到"创造"结束，分主题讨论自然、美、美的经验、艺术、想象、象征、装饰、型形姿、创造，各章自成一体，内在又以人类对美与艺术的思考来展开，讨论美学核心命题与理念。将美的自然，美的所在，美的经验，美的艺术，美的象征，美的装饰，美的型、形、姿，美的创造统合起来，在西方传统美学理论梳理的地平面置入了东方的元素——日本的、中国的。美学的新自然观，美学中日语的"型"（范型、样式，事物的形态）、"形"（事物的直观形态，直观本质构造的现象）、"姿"（精神的内在实在），艺术创造中孙过庭的书法理论，接续了大西克礼的美学的东方阐释，这也是中国的书道在西周《美妙学说》中被提及之后，再次进入的美学讲义。

《艺术的诸相》分别讨论了音乐、修辞、诗学、演剧、艺能、舞蹈、造型艺术、绘画、建筑、设计、影视艺术等。将个别艺术并列起来，进行源流、样式、形态、技艺、游戏、理想的辨识、判断与探究。为避免传统美学对美的对象或现象的"艺术学"称谓，今道友信引入关于"相"的理念，概括称为"艺术的诸相"。从形而上学的理念看，艺术作为人类自然的理想化，其结局就是将作为精神性内容的意识理念通过外在的原材料形态化。精神与原材料契合度不同，因而产生各种不同的艺术。今道友信认为，"自然是神的光辉，艺术是人的光辉"②，他依托存在论的超越论美学，试图超越黑格尔、苏里奥、竹内敏雄等美学先辈，将现代技术纳入艺术，进行艺术定义的"逆说的构造"，重新建构超越论的存在论美学体系。

今道友信在美学建构方面的重要贡献在于他所设计的"超越论的存在论"或者说"存在论的超越论"美学体系——"卡罗诺罗伽"。"卡罗诺罗伽"（Calonologia）是以"καλόν, ὄν, νοῦς, λόγος (kalon, on, nous, logos)"四个希腊文词语合成的新概念，意思是美、存在、理性、学问。今道友信在1956年意大利威尼斯召开的国际美学会议上首次提出了"卡罗诺罗伽"这一

① 今道友信「刊行にあったて」、『講座美学』卷一『美学の歴史』、東京大学出版会、1984年、11頁。
② 今道友信『芸術の諸相』、『講座美学』卷四、東京大学出版会、1984年、9頁。

关于美之学的概念。在 1958 年国际美学会理事会上，他将自己创建的美之学的体系面向专家做理论阐释①——"美学是以理性阐释美的存在的学问"，即超越存在论的、形而上学的美学体系。在今道友信的理论体系中，美学是美之学，美学也是超越美的存在价值的理性的学问；美的意识具有双重超越性，既超越主观意识也超越客观实在；审美与艺术创造活动是人的精神的超越活动，是向着超越的自由飞越；美的形态是由人的意识变化的相位决定的，它并不是对象意义上的存在差异，而是还原为意识在活动方位上的差异；在现代技术时代，审美与艺术可以抵御技术的负面侵袭；在技术与艺术的关系上，艺术可以超越技术；等等。今道友信后期思考的主要是生态伦理学的问题，美的"同一性""差异性""超越性"的问题，美的存立与生成的问题，由美至圣的问题，等等。其美学体系的知识学方面囊括了古典时期柏拉图美学，中世纪美学，近代康德美学，现代现象学、阐释学与神学，也包含着日本的自然文化、神道文化，中国的儒学、道学、理学、心学等学问，试图借"想象力"联结"美"与"善"，在时间上沟通过去与未来，在空间上以身体为节点，联结艺术与创造、"存在"与"超越"、"在"与"不在"，从而形成自然、存在、艺术、神圣相融通的美之大成。

在对美作为一种理念与美的相位的研究中，今道友信与竹内敏雄有一致之处；在对美本质的探究进程中，今道友信却扬弃了前者，走向了对"不在场"与"无"的追索，走向由"精神"到"神圣"的"逆现象的同时展开"②的纯粹精神的哲学境界、美学境界——美是相遇，美是偶然，美是光照。在美学探索的进程中，今道友信从以西方美学为主的框架，转到了以东亚美学为主的框架，同时，在与大西克礼、竹内敏雄思想的互动中，将日本本土的美学精神提升到了世界性的高度。

从西周开始，日本在翻译、介绍美学的初起，就注重形而上的哲学美学，试图改造包括日本在内的东方缺乏理论、逻辑等形而上思维方式的美学研究状况，实现形而上思维方式的突破。这方面森林太郎、大西祝、高山林次郎、大塚保治、阿部次郎等直接参与了西方论著的翻（编）译、本土大学的教学实践与理论开拓。其次，重视科学的、"自下而上"的美学特别是心理学美学的译介，与当时学人注重美学的实用功能与功利主义相关。他们试图以美育（教养主义）来改造国民性，培育日本人的美意识，实现富民强国，使日本民

---

① 今道友信『芸術の諸相』、『講座美学』（4）、東京大学出版会、1984 年、318 頁。

② 今道友信『知の光を求めて——哲学者の歩んだ道』、中央公論社、2000 年、111−117 頁。

族可以与西方国家并肩前行。这方面大塚保治、岛村泷太郎、深田康算、阿部次郎都有主动积极的论文撰写、编译、教授与传播。最后，重视社会学的美学的翻译与传播，引导学生与公众以社会学的视角来观察艺术，调动审美人的感官，亲自参与审美实践，培育美的心灵，形成审美的价值观，从而育成"一艺一能"的人。坪内逍遥、冈仓天心、外山正一、中川重丽等人在绘画、雕刻、演剧、文学等方面参与批评、论争、研讨，为审美的社会实践做出了示范。

此外，还有部分并未以"美学"命名的论著，如园赖三的《美的探求》、麻生义辉的《为人生的美学》，都是美学概论性著作。

日本美学中，完成美学体系建构的学者与著作比较少，主要有大西克礼的《美学》、竹内敏雄的《美学》、今道友信《讲座美学》等。

美学引进日本的 150 多年来，日本学者在美学理论的教学中不断学习，步步前行，扎实推进，卓有建树。对西方最新美学理论的不间断译介，使得日本美学的理论、知识不断得到更新；美学学者不断进入西方高水平大学，进入大师研究室学习、交流，西方不少美学学派都留有日本学人求学的身影与足迹；学习新理论，传播新知识成为日本美学教学的一大特色。无论时代如何变化，美学学人大都坚持自己的操守，为美而思，为美而行，学养厚沉，教书育人，形成了日本学院派的美学风格。

# 附　录

表 1　日本部分美学教材

| 作者 | 著作名 | 讲授时间 | 出版时间 | 出版社 |
|---|---|---|---|---|
| 小屋保治<br>（大塚保治） | 美学讲义 | 1892 | 1893、1933 | 早稻田大学<br>岩波书店 |
| 松本孝次郎 | 美学讲义 | | 1898 | 哲学馆 |
| 森林太郎 | 审美纲领 | 1892 | 1899 | 春阳堂 |
| 高山林次郎 | 近世美学 | 1899 | | 博文馆 |
| 青木吴山 | 美学讲话 | | 1900 | 晴光馆 |
| 岛村泷太郎 | 美学概论 | 1905 | 1909 | 早稻田大学出版部 |
| 稻垣末松 | 美学凡论 | | 1911 | 洛阳堂 |
| 滝村斐男 | 通俗美学讲话 | | 1915 | 不老阁书房 |
| 阿部次郎 | 美学 | 1901 | 1917 | 岩波書店 |

续表1

| 作者 | 著作名 | 讲授时间 | 出版时间 | 出版社 |
|---|---|---|---|---|
| 大西克礼 | 美学原论 | | 1917 | 不老阁书房 |
| 石田治三 | 美学讲话 | | 1919 | 东京刊行社 |
| 植田寿藏 | 美学 | 1927 | 1932 | 岩波书店 |
| 多田宪一 | 美学论考 | | 1928 | 古今书院 |
| 八住利雄 | 为初学者的美学概论 | | 1932 | 文化书房 |
| 渡边吉治 | 美学概说 | | 1932 | 第一书房 |
| 黑田鹏心 | 美学概论 | | 1934 | 弘文社 |
| 山际靖 | 新讲美学概论 | | 1934 | 东洋图书 |
| 金子马治 | 美学及艺术学讲义 | | 1939 | 理想社 |
| 守屋谦二 | 美学 | | 1949 | 朝日新闻社 |
| 桥本政尾 | 美学概论讲义 | | 1956 | 叡智书房 |
| 井岛勉 | 美学 | | 1958 | 创文社 |
| 赤松义麿 | 美的原理 | | 1958 | 中央公社论 |
| 大西克礼 | 美学（上、下） | | 1959—1960 | 弘文堂 |
| 川野洋 | 美学 | | 1967 | 东京大学出版会 |
| 挂下荣一郎 | 美学要说 | | 1977 | 前野书店 |
| 竹内敏雄 | 美学总论 | | 1979 | 弘文堂 |
| 今道友信 | 讲座美学 | | 1984—1985 | 东京大学出版会 |
| 岩城见一 | 美学概论：作为完成了的美学的今日课题 | | 2001 | 京都造形艺术大学 |
| 小田部胤久 | 美学 | | 2020 | 东京大学出版会 |

表 2　日译美学概论（讲义）部分

| 作者 | 著作名 | 译者 | 出版时间 | 出版社 | 国籍 |
|---|---|---|---|---|---|
| 欧仁·维隆（Eugene Veron）ユージェーンヌ・ウェロン | 维氏美学 | 中江笃介 | 1883 | 文部省编辑局 | 法国 |
| 伏尔盖特（Johannes Volkelt）フォルケルト | 审美新说 | 森林太郎 | 1900 | 春阳堂 | 德国 |
| 贝奈戴托·克罗齐（Benedetto Croce）ベネデット・クローチェ | 美的哲学 | 鹈沼直 | 1921 | 中央出版社 | 德国 |

续表1

| 作者 | 著作名 | 译者 | 出版时间 | 出版社 | 国籍 |
|------|--------|------|----------|--------|------|
| 亨利·罗格斯·马歇尔（Henry Rutgers Marshall）ヘンリー·マーシャル | 美的原理 | 相良德三 | 1921 | 大村书店 | 美国 |
| 狄威特·帕克（Dewitt. H. Parker）デウィット·パアカ | 美学概论 | 柳井和助 | 1925 | 中央出版社 | 美国 |
| 弗里德里希·克里斯（Friedrich Kreis）フリイドリヒ·クライス | 美学的根本问题 | 渡辺吉治 | 1926 | 大村书店 | 德国 |
| 阿瑟·叔本华（Arthur Schopenhauer）アルトゥル·ショペンハウエル | 美的形而上学 | 景山哲雄 | 1926 | 大雄阁 | 德国 |
| 欧内斯特·梅伊曼（Ernst Meumann）エルンスト·モイマン | 美学概论：美学体系 | 青柳正广 | 1929 | 理想社出版部 | 德国 |
| 格奥尔格·威廉·弗里德里希·黑格尔（G. W. F. Hegel)ゲオルク·ヴィルヘルム·フリードリヒ·ヘーゲル | 美学 | 甘粕石介 | 1949 | 北隆馆 | 德国 |
| 格奥尔格·威廉·弗里德里希·黑格尔（G. W. F. Hegel)ゲオルク·ヴィルヘルム·フリードリヒ·ヘーゲル | 美学 | 竹内敏雄 | 1956 | 岩波书店 | 德国 |
| 丹尼斯·于斯曼（Denis Huisman）ドニ·ユイスマン | 美学 | 久保伊平治 | 1959 | 白水社 | 法国 |
| 亨利·列斐伏尔（Henri Lefebvre）アンリ·ルフェーヴル | 美学入门 | 多田道太郎 | 1968 | 理论社 | 法国 |
| 卡尔·威廉·费迪南德·索尔格（Karl Wilhelm Ferdinand Solger）カール·ヴィルヘルム·フェルディナント·ゾルガー | 美学讲义 | 西村清和 | 1986 | 玉川大学出版部 | 德国 |
| 西奥多·阿多诺（Theodor W. Adorno）テオドール·アドルノ | 美的理论 | 大久保健治 | 1989 | 河出书房新社 | 德国 |

续表 1

| 作者 | 著作名 | 译者 | 出版时间 | 出版社 | 国籍 |
|---|---|---|---|---|---|
| 尼古拉·哈特曼（Nicolai Hartmann）ニコライ·ハルトマン | 美学 | 福田敬 | 2001 | 作品社 | 德国 |
| 格诺德·伯姆（Gernot Böhme）ゲルノート·ベーメ | 作为感觉学的美学 | 井村彰 | 2005 | 劲草书房 | 德国 |
| 亚历山大·戈特利布·鲍姆嘉通（Alexander Gottlieb Baumgarten）アレクサンダー·ゴットリープ·バウムガルテン | 美学 | 松尾大 | 2016 | 讲谈社 | 德国 |

表 3　美学课程开设时间及主要大学

| 大学 | 课程名称 | 年度 | 任课教授 | 备注 |
|---|---|---|---|---|
| 东京大学 | 审美学 | 1881 | 外山正一（1848—1900）费诺洛萨（1853—1908） | 明治二十六年（1893）设立，明治三十二年（1899）改为美学，后有多位教授接任授课 |
| 哲学馆 | 审美学 | 1887 | 内田周平（1854—1944） | 东洋大学 |
| 学习院高等学科 | 审美学 | 1887 | 立花铣三郎（1867—1901） | 1874 年京都御所设立，后改名为学习院大学 |
| 东京美术学校 | 美学美术史审美学 | 1889 | 费诺洛萨（1853—1908）森林太郎（1862—1922） | 东京艺术大学 |
| 庆应艺术大学 | 审美学 | 1891 | 楠秀太郎（生卒年不详）森林太郎（森鸥外）（1862—1922） | 1892—1896 年由森林太郎担任，后任为大村西崖 |
| 东京专门学校 | 审美学 | 1891 | 大西祝（1864—1900）小屋保治（大塚保治）（1869—1931） | 1902 年改称早稻田大学小屋保治大学读书期间代课 |
| 京都大学 | 美学概论 | 1909 | 藤代祯辅（1868—1927）深田康算（1878—1928） | 明治四十二年（1909）设置，次年即由深田授课 |
| 东北帝国大学 | 美学 | 1923 | 阿部次郎（1883—1959） | 之前曾在庆应大学日本女子大学人讲师 |
| 九州帝国大学 | 美学 | 1928 | 植田寿藏（1886—1973） | 1927 年 11 月，为迎接从西欧归国的京都大学植田教授，创设美学艺术学研究室 |

# 东西之间的日本美学

## ——东京大学小田部胤久教授访谈录*

东京大学人文社会系研究科　小田部胤久

江西师范大学美术学院　郑子路

**摘　要**：东京大学小田部胤久教授是日本当代著名的美学家。他的第一部著作是 1995 年出版的《象征的美学》，主要以"象征"概念为线索，考察从鲍姆嘉登到黑格尔的美学发展，并以此揭示历史演进过程中的"连续性"和"非连续性"。2001 年出版的《艺术的逆说：近代美学的成立》与 2006 年出版的《艺术的条件：近代美学的境界》是《象征的美学》的延续，前者考察的是"艺术家""艺术作品""创作""创造""独创性"等构成近代美学的基础概念，后者考察的是"产权""先入观""国家""方位""历史"等促使"近代的艺术观"成立的外在要因。2009 年出版的《西方美学史》是一部美学通史，它以对"艺术"的思考为中心，聚焦了 18 个在美学史上具有重大学术价值的主题和人物。2020 年出版的《美学＝Aesthetics》则是在解读《判断力批判》的基础上，对康德的论述加以逻辑性重构，并以此串联整个美学史。此外，他也曾对大西克礼、高山樗牛、鼓常良、和辻哲郎、木村素卫、柳宗悦等多位日本近代美学家开展过专题研究，在日本近代美学史研究方面亦是成果斐然。

**关键词**：日本；近代美学史；小田部胤久

---

＊ 本文系国家公派高级研究学者、访问学者、博士后项目"东方美学及艺术学理论体系建构"（20210360120）的阶段性成果。

**受访人简介：**

小田部胤久（1958—　　），文学博士，东京大学教授，日本学士院会员。历任日本美学会会长、日本谢林协会、日本 18 世纪学会会长等职。研究方向为美学基础概念及近代美学史，著有《象征的美学》《艺术的逆说：近代美学的成立》《艺术的条件：近代美学的境界》《西方美学史》《木村素卫"表现爱"的美学》《美学 ＝ Aesthetics》等。主持日本文部省科研课题"以美学古典赋活为目的的模式建构"（2020—2023）、"'共通感觉'的美学（史）的再定义"（2016—2020）、"感性的理论史——美学（史）的再建构"（2012—2015）、"'欧洲－亚洲'的美学理念史"（2008—2011）、"文化性交错的美学"（2004—2007）等。

**访谈人简介：**

郑子路，哲学博士，江西师范大学美术学院副教授。

一

**郑子路**（以下简称郑）：小田部胤久教授，您好！受四川大学文科讲席教授张法先生的委托，我想就近代以来日本的美学发展及您的美学研究，请您谈一谈看法。

**小田部胤久**（以下简称小田部）：谢谢张法教授，这是我的荣幸！

**郑**：首先，我想请您简要地介绍一下您的经历。

**小田部**：我在东京大学的本科及研究生院学习了十年，在这之后曾到德国留学。回国后，我先是在神户大学任教，后来转到东京大学。从教后的 35 年间，我一直在教授美学。

**郑**：谢谢。您是 1977 年从东京教育大学附属学校（现筑波大学附属学校）毕业后进入东京大学文学部美学艺术学专业学习的，是什么原因让您选择了这个专业？

**小田部**：从小学到高中，我一直对西方古典音乐很感兴趣，热衷于音乐的学习，想成为作曲家。高中二年级，在疑惑究竟应该进入音乐大学，还是普通大学的时候，我在书店看到了东大文学部美学科毕业的野村良雄（1908—1994）先生的《音乐美学》，知道了有美学的存在。并且，由于当时非常活跃的著名作曲家柴田南雄（1916—1996）也是美学科的毕业生，所以我立志要学习美学艺术学。

**郑**：在东大求学期间，您曾获得"德国学术交流会奖学金"，到德国汉堡大学留学。工作后，又受"德国洪堡基金会"资助，两度赴德，从事美学研究。您觉得与日本的大学相比，德国的大学在美学教育与研究方面，有哪些不同之处？

**小田部**：我主要是在汉堡大学的哲学系学习和研究。在东京大学，哲学相关系科分成哲学、伦理学、宗教学、美学等。但在德国，没有这样的区分。哲学系有大概 8 位老师，他们按照各自的学术兴趣，主要在理论哲学和实践哲学领域开课。我有幸结识了关注文化哲学、美学的老师，能遇到和自己关注领域一致的老师是很重要的。与此相对，日本的大学（特别是东京大学），教研室的体系很完备，或许并不是那么有必要一定要考虑跟随哪位老师学习。

**郑**：那又是什么原因，促使您走上了以德国的美学理论为中心的近代美学史研究之路？

**小田部**：如同刚才所说，我本身对音乐很感兴趣，特别是 18 世纪末到 20 世纪初的德语圈音乐，因此，我在高中学习了两年德语。我想，应该是这些因素促使我开始关注康德理论的。

**郑**：20 世纪 80 年代，在中国有过一场"美学热"，这与"文化大革命"后中国的思想解放运动紧密相关。不知道在日本是否也出现过类似的文化现象？

**小田部**：很遗憾，在日本并没有出现过类似的现象。20 世纪 80 年代，日本的经济状况非常好，我读研究生的时候，日本各地都建起了美术馆或音乐厅，东京的各大商场里也都有美术馆，举办了很多有趣的展览。"西武美术馆"是其中的代表，东京的"三得利音乐厅"也从根本上改变了日本的音乐文化。

**郑**：20 世纪 80—90 年代，中国了解世界的愿望非常迫切。那个时候，许多国外的美学论著陆续被翻译、介绍到中国。据我所知，日本美学家中，比较受到关注的是竹内敏雄（1905—1982）和今道友信（1922—2012）。您与这二位先生是否有过交往？

**小田部**：今道先生在东京大学执教的最后四年，我曾跟随他学习。竹内先生，我只在美学会的研究发表会上见过一次。

**郑**：竹内先生《美学总论》的一部分《艺术理论》曾在中国出版（中国人民大学出版社 1990 年版），他主编的《美学事典》在中国甚至出现了两个版本（黑龙江人民出版社 1987 年版、湖南人民出版社 1988 年版），在当时似乎很受欢迎。这两部书，您应该也读过吧？

**小田部**：今道先生曾对我说："要想考研究生，至少要把《美学事典》读到可以背诵的程度。"为此，我读了很多遍。这本书用非常准确的语言概括了标准化的美学理论，但对于初学者而言还是有难度的。学习深入一些后重新再读，会有感叹"原来如此"的新的发现。

郑：作为今道先生"最后一位研究生弟子"①，我想您与他交往甚多。今道先生是一位具有国际影响力的哲学家，他创造了"生态伦理学"（Eco-Ethica）、"卡罗诺罗伽"（Calonologia）等概念，并提出了"美的相位说"等原创性理论，在中国也是最广为人知的日本现代学者之一。能否请您谈一谈对于这些概念及理论的理解？

小田部："生态伦理学"的思考与现在的"环境美学"有联系，接下来可能会有新的发展。今道先生还著有《东洋的美学》，这本书也有中译本。我认为他开创了从东方传统出发对环境进行思考的路径；另一方面，"卡罗诺罗伽"是形而上学式的议论，虽然到现在也不能说学界已然接受了这个概念，但我想在将"美"这一概念作为美学的中心时，先生的美的形而上学还是值得时常回顾的。

郑：今道先生之后，活跃在国际美学界的佐佐木健一（1943—　）先生有一个有趣的论断——"严格来说，我思考的是'日本美学'的创始。但是……如果要从学术样态来看的话，无论如何都需要将哲学作为考察对象。因而（本书的标题）是'日本哲学'的创始。如此主张的前提是对'日本哲学'不存在的现状把握。即使存在'日本的哲学'，'日本哲学'也不存在。不管是什么样的研究，在日本进行的哲学，就是日本的哲学。但可以称作是'日本哲学'的，必须具有独自的问题意识。这一点，我们有所欠缺。"② 对于他的这个现状认识，您是如何考虑的？

小田部：佐佐木先生讨论的是日本的研究样态。我现在重新来看佐佐木先生提出的问题，认为他说的是日本不存在对他人的学说进行批评性讨论，并由此共同创建理论的研究样态。虽然日本的研究样态，从他提出这个问题到现在，并没有发生太大的改变，但年轻的研究者在增加，研究者之间的相互交流明显增多。我上学的时候，学生还是一种"徒弟"般的存在，一个人在先生严格的指导下一点点修行，但现在年轻的研究者们可以一起自由地研究。我想在这种相互交流之中，不管是自己的，还是共同的问题意识，都会产生。

---

① 小田部胤久「畏れと怖れ——徒弟として過ごした日々」、『中央公論』128 巻 2 号、198 頁。

② 佐々木健一『エスニックの次元：「日本哲学」創始のために』、勁草書房、1998 年、「まえがき」ii 頁。

**郑**：另外，对于日本美学界的研究状况，佐佐木先生还说："即便存在作为同业组织的学会，这个学会也未形成真正的学界。'日本的美学界热衷讨论的问题'等还未出现。"① 我想知道，1949 年日本美学会成立以来，日本美学界有没有什么研究者们比较关心的共同话题？

**小田部**：美学的世界已经全球化了，到底能不能将"日本的美学界"限定起来加以讨论，本身也是一个值得讨论的难题。但将"美学"看成狭义的"艺术"理论，或在"审美体验"论之中去寻求"美学"的基础的研究潮流，正在逐渐退去。与之相对，对多样的艺术现象的关心，或将美学放回其词源"感性学"去进行思考的倾向，逐渐显现。我想，日本的美学研究者所关注的看上去多样的主题之中，其实也存在着共通的话题。

**郑**：在日本美学会创设 50 周年之际，西村清和（1948—  ）教授曾对日本美学会会刊《美学》进行总结和分析，他谈道："20 世纪 50—60 年代，比较显眼的是美学的原理论、方法论、总论，讨论审美体验以及与之密切相关的时间、空间的论文非常多。但是到了 70 年代后，这种研究变少了，取而代之，通过相互间的比较，分析与作者、读者、解释、文本、言语、符号、信息等相关的各种审美经验、艺术经验的研究开始显著增加。80 年代后，特别是 90 年代，美学史的研究在数量上不断增加。这类研究之中，原理论、方法论、总论、审美体验论非常少，时空论在标题上几乎看不见。反倒是非常细化的特殊的标题，例如基于病态、编曲的问题性、趣味、目录、风景、环境、影响、分析等多样的艺术现象或审美经验，从各种文本、多元化的视点来探讨的倾向正在逐渐增多。"② 距离他的发言又过去了二十年，在这二十年间日本美学界有什么新动态吗？

**小田部**：美学或者说美学会所涵盖的领域非常广。美学会诞生的时候，美学和美术史这两门密切相关的学科组成了美学会的中心。但是，美术史在这之后也逐渐专门化、分科化，而且围绕着广义的艺术，各种新的方法论也不断出现。这种专门化、分科化在推进各项专门研究方面非常重要，但视野也会慢慢变窄。美学会的意义，就在于给这些专门化、分科化的研究者提供一个相遇并可以互相给予刺激的平台，让他们有机会思考各自专业所具有的意义和界限。2020 年 12 月出版的《美学的事典》，可以展现目前美学会的特征。这部"事典"是丸善出版社委托美学会编辑的，以当时的会长吉冈洋先

---

① 佐々木健一『エスニックの次元：「日本哲学」創始のために』、勁草書房、1998 年、26 頁。

② 山本正男、西村清和、吉岡健二郎、岩城見一、岸文和、礒山雅「美学会創立五〇周年記念シンポジウム」、日本美学会編『美学』50 巻 4 号（総 200 号）、2000 年、66 頁。

生为中心，在美学会会员的协作下完成。当时，我刚结束美学会会长的任期，也作为编委参与了全书的编辑。该书共有8章，讨论狭义的美学理论的只有第1章"美学理论"，第2章以后讨论的"美术史""现代美术""音乐""电影""照片·影像""大众文化""社会与美学"则是从美学的框架出发，考察各个专门领域的特征。以"美术史"为例来看的话，它与一般的"美术史事典"视角不同，对美术史进行了独特的考察。换言之，超越专业领域的理论在各章中都可以发现。并且，第1章《美学理论》也是"在这里……经营美学的意思"。如果以呼应佐佐木先生提出问题的方式来说的话，在这里，不正是充分显现了"日本美学界热衷讨论的问题"吗？

## 二

**郑**：如果要追溯"日本美学"的系谱，应该从什么时候开始呢？

**小田部**：如果将"美学"广义地理解成"关于美或艺术的（理论化）的反思"的话，比如说在《古今和歌集·假名序》（约905年）中，就可以读到日本的美学。但如果将美学视作在西方诞生的近代学问的话，则需要将视野限定在19世纪后半期之后，例如将西周的《美妙学说》（1872）视作起点，或者也可以将中江兆民翻译的《维氏美学》（1878）视作起点。

**郑**：这个问题与对"美学"概念的理解相关吧？

**小田部**：是的，在19世纪后半期，欧洲语言中的"Aesthetics"一般被理解成"探讨美与艺术的学问"。在"艺术"概念尚未明确存在的19世纪后半期，"美学"这个名称与原本的语言中的意思最接近，有利于人们理解。

**郑**：近年来，学界有一种声音，认为"美学 = Aesthetics"这个汉字译名，实际上是对这门学问的误解，通过重新思考这个译名，可以进一步开拓"美学"的疆域。对此，您怎么看？

**小田部**：在我看来，美学这门学科就是在误解上成立的。确实，从语源上看，"Aesthetics"应该是"感性学"，但提倡这门学问的鲍姆嘉通自己也将它作为讨论"感性认识"的"美之学"，到了19世纪"Aesthetics"语源上的与"感性"之间的关系逐渐从人们的意识中消失，19世纪后半期西方人则完全将"Aesthetics"理解为"美与艺术之学"。将美学作为"感性学"重新加以思考的运动，在西方大概是20世纪80年代左右产生的。换言之，这确实是美学的新动向。当然，我认为这种重新思考是重要的，也赞同对这门学问的疆域的重新考量。

郑：东京大学是日本最早开设美学课程的教育机构，最初是以"审美学"之名，设置在文学部哲学科之中。1886 年，因为《帝国大学令》的颁布，成为哲学科独立的"讲座"（教研室），后又经过"审美学美术史"（1889）、"美学美术史"（1892）等名称的变更，于 1893 年成为文科大学 20 个"讲座"中的一个[①]。在这里，我比较好奇，为什么要从"审美学"改称为"美学"？那个时候，"审美学"的应用范围应该比"美学"更广。

**小田部**：我也不明白其中的缘由，如果你有什么新的发现，请告诉我。

郑：我推测，这个改变应该与东京美术学校的开校以及冈仓天心的影响力有关，即中江兆民创造的这个译名，经冈仓天心和东京美术学校的使用，得到了文部省的确认，于是成为规范化的学名[②]。另外，1914 年东京大学开设了"美学美术史"第二讲座，并在 1971 年将第一讲座变更为"美学艺术学"。您能介绍一下这其中的缘由吗？

**小田部**：原本美学与美术史是在一起的，因为第二讲座的设置，第一讲座的美学与第二讲座的美术史各自的某种独立性得到了保证。虽然都将美术乃至是艺术作为研究对象，但具有哲学色彩的美学与更具有实证色彩的美术史，在方法上有所不同。特别是在 19 世纪后半期的德国，美术史作为一门学问也确立了自己的方法论，在大学当中也成了独立的学科。我猜测，你说的这种变化，应该是在这样的背景下产生的。

郑：现在东京大学"美学艺术学"讲座的会议室里，还挂着大塚保治（1869—1931）、大西克礼（1888—1959）等四位教授的肖像。在这些教授中，您对大西克礼有过专门的研究。为什么会特别注意到大西先生？

**小田部**：从历史上看，大西先生活跃的时代，特别是 20 世纪 30 年代，在许多领域内日本固有的问题以一种明确的方式被注意到，并得以理论化，其中也有许多独创性的见解。我认为，我们的学术化背景在那时得以确立。所以，为了更好地把握现在的状况，先回到那个时代去思考，是有意义的。另外，伦理学家和辻哲郎（1889—1960）与大西克礼几乎同龄，只要将二者并列来看，就能很清楚地看到当时的发展状况。

郑：对于大西克礼的《美学》（弘文堂，1959），今道友信先生曾评价道："它几乎是有史以来日本人写成的唯一的高水平的美学概论，在审美体验方面

---

① 郑子路：《日本明治时期大学的美学课程及其讲座的诞生始末》，《美育学刊》，2021 年第 2 期。

② 郑子路、臧新明：《近代日本"美学"译名的流变》，《东方丛刊》，2023 年第 1 期。

是卓越的。"① 您也如此认同吗？

小田部：我也认为大西先生的《美学》真的是非常优秀的美学概论。但他的文章以今天的视点来看，多少有些古旧，对于年轻人来说，可能难以亲近。而且，大西先生非常重视体系性。当然，我也认同体系的重要性，但以今天的学术状况来看，大西先生的体系性所具有的意义，并没有被大家意识到。与其这样，倒不如说，我觉得大西先生论述中的各个部分也很有价值，他在选取各种例证进行讨论时的手法非常高明。

郑：大西先生强调美学的"普遍性"，宣称"对于美学来说，所谓'日本式'的特色本身，完全成为不了问题。所谓的'日本式'或'西方式'，只不过是自身的历史性问题。所谓的'日本美学'等，只不过是为了方便的假设性称呼，必须要说它在理论性上是没有意义的"②。但是，他又接连出版了《幽玄与物哀》（岩波书店，1939）、《风雅论："寂"的研究》（岩波书店，1940）、《万叶集的自然感情》（岩波书店，1940）、《东洋的艺术精神》（弘文堂，1988）等一系列著作，"在 20 世纪 30 年代以后，将全部的精力倾注在东洋的，特别是日本的艺术观乃至是审美艺术的理论化之上"③。这两者之间是否存在矛盾？

小田部：大西先生认为这两者之间完全不存在矛盾，他认为通过"基本的"和"派生的"这一对概念，可以消解掉这个矛盾。在这种思考中，他的演绎化思考方法经常显现。

郑：他在展开日本审美范畴论时，曾说他最关心的课题是"如何将这些特殊的所谓'日本式'的'审美概念'以及它所代表的特殊的'体验'本质，导入作为普遍性理论体系的'美学'的组织之中"④。在您看来，他的这个目标最终达成了吗？

小田部：大西先生费尽心力地想通过演绎化的方法，将经验性的事象导入体系。虽然将基于经验性事象的个别化事项置入更大的文脉，它们的内涵能够更加明确，但这个更大的文脉作为先验的体系固定下来的话，要想将这些个别化的事项契合先验的体系，反倒容易产生截断的危险。我想，通过个别事象的研究，摸索一般化、普遍化的理论的方法是必要的，但实践起来非

---

① 今道友信『美について』、講談社、1973 年、239 頁。

② 大西克礼『風雅論：「さび」の研究』、岩波書店、1940 年、8−9 頁。

③ 小田部胤久「芸術の汎律性について——近代日本における＜日常性の美学＞の試み」、東京大学美学芸術学研究室編『美学芸術学研究』39 号、2020 年、190 頁。

④ 大西克礼『美学』下巻、弘文堂、1960 年、115−116 頁。

常困难。

郑：西村清和教授曾指出，包含大西在内，近代日本的文学者和美学者混用了"象征"与"暗示"①，而您却认为"大西的对谢林的'象征'与'暗示'的对比（至少在我看来），作为理论是成功的"②。这是怎么一回事？

小田部：我 2022 年的论文《大西克礼与谢林》，是以大西先生与德国浪漫主义的关系为主题的。在大西先生看来，他所讨论的日本的艺术现象是"派生的"产物，德国浪漫主义也是如此。因此，他在讨论日本的艺术现象与德国浪漫主义之际，暂时放下了从"基本的"层次对二者进行把握的意识，从个别化的层次讨论了二者的关联。就像我刚才说的，大西先生论述的各个部分很有价值，他论述的价值在这种从个别化的层面进行关联的时候经常出现。关于"暗示"，大西先生将山水画中的表现置于部分暗示整体的关系中去把握，却没有说明它是从哪个"基本的"范畴（例如内涵与形式之间的象征性关系）中派生出来的。我说的"作为理论是成功的"是指在这一方面。

郑：在今天看来，他的这种"非历史的类型论性质的理论构成"③ 的局限和价值，分别在于哪些地方？大西先生自己也意识到了"自己的审美范畴论是落后于时代的"④ 了吧？

小田部：如果可以用"对历史的感觉"或"对体系的意志"这样的表述来说的话，在大西先生那里，后者处于压倒性的优势地位。但被大西先生视作"基本的"体系本身，实际上不也是在历史中形成的吗？

郑：从"东方美学"建构的角度来看，大西的"审美范畴论"是一种可行的模式吗？

小田部：我想"审美范畴论"在今天仍具有意义，提出某种审美范畴（乃至是扩大到讨论的对象）的时候，它反映着某种新的审美意识的诞生，而且新的审美意识又与生产它的社会化、精神化的运动密切相关。例如，在欧洲，"崇高"这一审美范畴在 18 世纪中期得以确立，这是一种基于近代式的无限性的感性。在日本，到现在也产生了各种各样的审美范畴，它们反映了与各个时代的社会性、精神性状况相伴相生的审美意识。如此来看的话，即

---

① 西村清和『幽玄とさびの美学——日本的美意識論再考』、勁草書房、2021 年、180 頁。

② 小田部胤久「大西克礼とシェリング——「浪漫主義」と「東洋的芸術精神」の邂逅」、日本シェリング協会編『シェリング年報』30 号、2022 年、43 頁。

③ 小田部胤久「「日本的なもの」とアプリオリ主義のはざま——大西克礼と「東洋的」芸術精神」、日本美学会編『美学』第 49 巻 4 号（総 196 号）、1999 年、23 頁。

④ 小田部胤久「日本の美学確立期における東西交渉史：東洋的芸術をめぐる岡倉天心・和辻哲郎・大西克礼」、韓国美学芸術学会編『美学・芸術学研究』第 27 輯、2008 年、223 頁。

便从现在开始"审美范畴论"也依然将是美学的主题之一。

郑：除了大西克礼，您对于高山樗牛（1871—1902）、鼓常良（1887—1981）、和辻哲郎、木村素卫（1870—1946）、柳宗悦（1889—1961）等日本近代美学家也开展过专题研究，接下来我想请您谈一谈他们。先来看和辻哲郎，他以"样式史"的方法讨论"东洋艺术"，是意识到了"审美范畴论"的局限吗？

小田部：在和辻思考的深处，与大西先生不同的是对于历史的关心。也许他参加冈仓觉三（天心）晚年的最后课程"泰东巧艺史"是一个契机。他到底在何种程度上认识到了"审美范畴论"的局限尚不明确，但他确实有从历史的文脉中对艺术进行考察的设想。《古寺巡礼》就是在这一点上很杰出的著作。

郑：和辻哲郎是我们中国学界比较熟悉的哲学家。他的《风土》《古寺巡礼》等，在中国有好几个译本。一般学界将他看作广义的"文化学者"，那么作为"美学家"的和辻哲郎又有哪些独特的贡献呢？

小田部：刚才我说的《古寺巡礼》是他 1917 年 5 月在奈良旅行时的日记，实际上同年 3 月，他也参加了东大美术史学研究室的奈良考察。在这之前，他还是学生的时候，受到关野良"日本美术史"课程启发，首次参观了奈良的博物馆，表现出了对佛像的兴趣。但在那个时候，他眼中的佛像无法与西方的雕像相提并论[1]。而在这之后，他逐渐开始将佛像作为美术品加以审美上的观察，他的观察角度是以历史性回溯为基础的。这种基于观察而自由地——有时只不过是联想式地——伸展理论的方式，具有和辻自己的风格。换言之，他的特色可以说就在于，并不是说明现有的理论，而是创造新的理论。

郑：您在文章中曾说，和辻对于"日本美"的发现是源自 1917 年到奈良的旅行，他在这些佛教美术中发现了"希腊式"的古典精神，进而开始探寻"日本的特性"[2]。这让我想到了作为特聘外国教员来日任教的费诺洛萨

---

① 和辻哲郎「仏像の相好についての一考察」、『和辻哲郎全集』第 4 卷、岩波書店、1962 年、41−51 頁。

② 小田部胤久「和辻哲郎の美学理論における日本的特質の発見——『偶像再興』から『東洋美術の「様式」について』まで」、佐々木健一編『明治・大正期の美学』、科学研究費報告書、東京大学大学院人文社会系研究科、2004 年、230 頁。

(Ernest Francisco Fenollosa，1853—1908）和洛维特（Karl Löwith，1897—1973）①，也曾宣称在奈良、京都的旅行中发现了日本佛教美术中的古希腊传统。这在当时是否是一种流行的看法？

**小田部**：19 世纪后半期西学的传入，对于当时的日本人来说，等于是给予了一个重新以他者的目光——换言之，自觉性地——观察原本理所当然的事情的契机。和辻发现日本特性的过程，在其他人那里也多多少少是妥当的。

**郑**：最初和辻哲郎的立足点是利普斯（Theodor Lipps，1851—1914）的"个人主义"。鼓常良也在他的《西方美学史》中称颂利普斯的移情说。并且，开创了京都大学和东北大学美学源流的深田康算（1878—1928）与阿部次郎（1883—1935）也都致力于译介利普斯。甚至，中国最早的几本《美学概论》（吕澂，1923；范寿康，1927；陈望道，1927），也都是依据利普斯的移情说展开的。为何在近代东亚，利普斯如此具有影响？您如何看待东亚近代的"利普斯现象"？

**小田部**：在今天的哲学史或美学史著作中，一般不会出现利普斯的名字。所以，从今天的视点来看，利普斯受到如此高度的评价，确实很奇妙。但以当时人们的视点来看，利普斯的移情说是与自己本觉得理所当然的日本乃至东亚的自然观相适用的。换言之，当时的人们在利普斯身上，读出了一种虽然仍停留在二元论的框架中，但却对东亚的某种一元论有所启示的理论。

**郑**：在这些"美学概论"成立以前，作为美学史著作，高山樗牛的《近世美学》其实就已经被译介到了中国（刘仁航译，1920）。您曾说他的《论审美生活》"代表了 20 世纪前半期日本的前沿美学思考"，"孕育了随后以各种形式展开的 20 世纪前半期的美学思考的可能性"②。为什么这么说呢？

**小田部**：这并不是说高山的《论审美生活》本身很出色，而是说这篇论文的重要价值在于，它展现了 20 世纪前半期日本美学的理论框架。在这篇论文中，高山明确地展现了将美与生活联结的视点。正因为如此，"审美生活"这一术语才让从西方传入的美学真正地在日本生根发芽。比如说过去我们称作"风流"的事项，被高山用近代的语言重新讲述，以此让从西方传入的美学在日本人的生活中扎根。

---

① レーヴィットの日本論について、小田部胤久「レーヴィットと『二階建て』の日本：間文化性をめぐる一つの寄与」、東京大学美学芸術学研究室編『美学藝術学研究』28 号、2010 年、179－210 頁に参照されたい。

② 小田部胤久「『美的生活』論争の射程」、日本哲学史フォーラム編『日本の哲学 ＝ Japanese philosophy』17 号、2016 年、52－67 頁。

郑：您的论文《"审美生活"论争的射程》并没有触及高山的《近世美学》，对于这部日本最早的"西方美学史"，您是如何评价的？

**小田部**：《近世美学》出版于1899年，即《论审美生活》发表前两年，由上下两编组成。上编《美学史一斑》是从古代到黑格尔的美学通史，比较独特的是下编《近世美学》。在下编中，除了对斯宾塞有所涉及外，几乎所有的篇幅都在讨论哈特曼（Karl Robert Eduard von Hartmann，1842—1906），"假象""游戏"等是核心主题，并且以哈特曼的立场对近世美学史进行了再考。深田康算受到了这本书的触动，他对于席勒的兴趣估计就是从这里来的。我想，将这本书称作美学学术研究的出发点，也不以为过。

郑：鼓常良也写有《西方美学史》（1926）。而且他也是与和辻哲郎、大西克礼同一时期到德国留学的当时的代表性学者。与和辻及大西相比，他有什么独特之处吗？

**小田部**：鼓常良在当代日本几乎没有人知道。他特别值得称道的是，他在德国期间，积极地用德文演讲，并发表及出版了德文的论文及著作。这在当时的日本人当中是一个例外。他的论文及著作是否有影响到德国的读者或研究者还有待考证，但我想，正是因为反响较好，他才会接连出版了两部德语著作吧。

郑：您称他是"比较美学的先驱者"[1]，为什么如此评价？

**小田部**：鼓常良是德国文学家，他基于德国经验，尝试将日本的文学与艺术的特质理论化。契机是齐美尔（Georg Simmel，1858—1918）的论文《画框》。注意到日本绘画中没有画框的鼓常良，将"画框"概念一般化，并置于所谓的"内外得以分别的框架"的语境中去理解。如此一来，在内与外、主观与客观无法明确地区分这一点上，他寻找到了东方的特质。在这里，可以看到一种比较美学的基本范式——通过与他者的相遇而进行自我反省。

郑：除了鼓常良，还有哪些值得关注的比较美学专家吗？

**小田部**：虽然不是美学家，但美术史家矢代幸雄（1890—1975）值得注意。他比和辻哲郎小一岁，从年轻的时候开始就与和辻很亲近。稻贺繁美（1957—　）教授最近出版了一本评传《矢代幸雄——美术史家超越时空》（2022），可供参考。

郑：您曾说，鼓常良"并非在日本寻求内发性的艺术理论的展开，而是

---

[1]　小田部胤久「鼓常良と『無框性』の美学——間文化的美学のために」、東京大学美学芸術学研究室編『美学芸術学研究』25号、2007年、179–201頁。

通过将西方（特别是德国）的美学理论'适用'于日本艺术，来谋求日本艺术理论的形成"①。他的这一做法与大西克礼是相同的吧？

**小田部**：基本上可以说是相同的。大西先生是彻底地将普遍性的理论适用于日本的艺术现象，将日本的艺术现象视作普遍性之物的派生态。这么做是因为西方也有西方化的派生态。与鼓常良相比，大西先生对普遍性之物的志向更强。

**郑**：鼓常良在《东方美与西方美》中说："通过德国的艺术与理论磨砺眼识和头脑的学者，离开传统的立场，将视线转向了我国的事物。与此同时，只是埋头我国艺术乃至东方艺术的学者也需要关注西方的艺术及其理论。从这两方面扶持前进，能够虚心地相互补充的话，我想我国固有的艺术理论就会慢慢地出现了。"②毫无疑问，他自己是基于第一种立场，那么当时有谁是第二种立场的代表吗？或者说，是否还有第三种立场？

**小田部**：他设定了有一种"只是埋头我国艺术乃至东方艺术的学者"，但实际上当时的人们是在西方的艺术理论中寻求可以使东方的艺术理论化的框架。所以，当时的日本的美术史家，实际上在不自觉中就在进行比较美学的实践。比较容易理解的是日本文学领域。芳贺矢一（1867—1927）是筑成了日本近代国文学基础的学者之一，他就是到德国学习了文献学。现在，研究日本文学的学者，首先就不会到西方留学，但芳贺的经历显示了在近代化的国文学制度成立之际，西方理论的重大意义。

**郑**：接下来，再让我们把目光转向木村素卫。他可以算是"京都学派"的一员吧？

**小田部**：没错，他可以算是"京都学派"的一员。他小学时搬到京都，初中和高中都在京都（第三高等学校），并因为崇拜西田几多郎（1870—1945）而考入了京都大学。

**郑**："京都学派"的叫法是从什么时候开始的？为什么没有"东京学派"的叫法？

**小田部**：我也想调查看看"京都学派"名称的缘起，但现在还没有结果。如果说到是否属于"京都学派"，比较微妙的是从京都大学转任到东京大学的和辻哲郎。另外，比和辻年轻一些的下村寅太郎（1902—1995），虽然尊敬西田，在京都大学完成了学业，但他主要从事的是文艺复兴和科学史的研究，

---

① 小田部胤久「鼓常良と『無框性』の美学——間文化的美学のために」、東京大学美学芸術学研究室編『美学芸術学研究』25号、2007年、188頁。

② 鼓常良『東洋美と西洋美』、敞文館、1943年、353—354頁

通常不被看作"京都学派"。至于为什么没有"东京学派"的名称，我想应该是因为有太多的学派，没有统一感的缘故吧。战后，大森庄藏（1921—1997）、广松涉（1933—1994）周边聚集的研究者们也曾被称作"东京学派"，京都大学人文科学研究所的研究者们也曾被称作"新京都学派"。

**郑**：关于木村素卫，您不但发表过专题论文①，还曾出版过一部专著《木村素卫——"表现爱"的美学》（2010）。能否请您简要地介绍一下木村理论中最具价值的部分？

**小田部**：木村理论中最重要的地方在于彻底思考了艺术创作中沟通内外的媒介。我们很容易认为，艺术家首先在脑中有明确的意象，然后才通过外在的"媒体"表现。但木村认为这种思考是错误的。在他看来，艺术家是被外在的"媒体"召唤，通过外在的"媒体"表现。在沟通内外的媒介中，我们的"身体"占据着绝对的位置。"身体"不管内外，都具有二重性质。木村关注到了这一点，他的这种看法与他的"国民文化论"是相同的。他认为，某种国民的文化以其他的文化为媒介，从而到达真正的自觉。木村活跃的时代是中日战争最激烈的时候，但我觉得他并没有陷入国家主义的意识形态之中。

**郑**：木村的理论，哪些地方体现了"京都学派"的特色？

**小田部**：刚才说的他的论点，例如内外的媒介、身体的意义、国民文化论，都是"京都学派"的研究者们关心的主题。木村巧妙地将这些主题联系起来，创造了自己的美学理论。

**郑**：另外，与上述美学家相比，柳宗悦是比较特殊的存在吧？他不仅是理论家，而且也是实践家和社会运动家。

**小田部**：从我家步行20分钟左右，就可以走到"日本民艺馆"。它是柳宗悦的私宅，是他自己创建的。虽然得到过大原美术馆的创始人大原孙三郎（1880—1943）的经济援助，但能做到这样的学者首先就极少见。他确实具备成为实践家、社会运动家的特质和才能。但是，也不能忽视他作为学者的贡献。他在高等学校时期，曾跟随西田几多郎学习。之后，进入东京大学专攻心理学，并从学生时代开始就作为《白桦》杂志的同人，发表了许多关于后期印象派绘画的精彩评论。他初期的代表作是《威廉·布莱克》（1914）。正是有这样一种背景，他的民艺论才成为可能。

---

① 小田部胤久「木村素衞の文化論によせて」、東京大学美学芸術学研究室編『美学藝術学研究』27 号、2009 年、95—127 頁。

郑：您曾说柳宗悦"身处近代却尝试批评近代"①，这是为什么？

小田部：柳宗悦明确地捕捉到近代西方将归结于"个人主义"，并对此高度评价。但他同时也意识到其中的局限，要求"协作"的存在。换言之，他所探寻的是：在近代分散的个人成立之际，如何使共同性成为可能。这绝不是陈旧的历史，也是我们共同的课题。

郑：在"民艺美学"之外，晚年他又对"佛教美学"的建构进行了尝试。他的"佛教美学"与"民艺美学"是否存在某种理论上的关联性？

小田部：在他民艺论的底部，具有一种净土真宗"他力道"的思想。他的佛教美学是以此为基础的。但他的佛教观与民艺观之间具有某种紧张感。他虽然重视净土真宗的"他力道"，但实际上恰恰是作为"自力道"的禅宗创造了许多杰出的美术作品。并且，柳宗悦虽然重视"他力道"，但与此同时却也高度评价何井宽次郎（1890—1966）、滨田庄司（1894—1978）等意识流的个人作家。我想，他就是在这样的紧张感之中，展开了他的民艺论乃至佛教美学。

## 三

郑：您的第一本著作是《象征的美学》（1995），这本书是博士学位论文改写的吗？

小田部：是的，我 1991 年提交了博士学位论文，次年获得了博士学位。幸运的是，它得到了东京大学出版会的出版资助，于 1995 年 1 月 10 日得以面世。当时我在神户大学任教，这本书出版后 1 周左右，就发生了"阪神淡路大地震"，是我从未经历过的大地震（7 级）。讲到《象征的美学》，我就想起了那次大地震以及那段没有水也没有天然气的生活。

郑：这部著作考察的是从鲍姆嘉通到黑格尔的美学史，为什么选择这个时段？

小田部：因为我认为，要想回答"美学是什么"，必须得回到美学成立的时代，对当时的美学理论加以探讨。我在德国学习时候的导师佩茨沃德（Heinz Paetzold，1941—2012）先生的教授资格论文是《德国观念论的美学》，其中对从鲍姆嘉通经康德、谢林、黑格尔到叔本华的美学理论进行了探讨。

---

① 小田部胤久「著作権思想から見た「民芸」運動——柳宗悦の著作を中心に」、東京大学美学芸術学研究室編『美学藝術学研究』27 号、2008 年、204 頁。

所以当时我想，对那个时代美学理论的回溯，正是如今追问美学的前提。

郑：该书的目标是"通过'象征'的概念史研究，将美学自身的变化过程，置于连续性与非连续性中解读"①。这里所谓的"连续性"和"非连续性"指的是什么，能简要地举例说明吗？

小田部：我想说明一下写这本书的背景，这样应该更容易理解。我很赞同福柯（Michel Foucault，1926—1984）在《词与物》中对历史的见解。他指出 18 世纪末有一种"断裂"，我意识到这个见解对于美学或艺术概念来说也是妥当的。大概是在博士三年级的时候，我意识到美学诞生于修辞学终结之时，并认为它与福柯说的"断裂"相当。我们总是带着一种连续性的观点对历史加以考察，无视历史上的"断裂"乃至非连续性。就算是使用统一概念，在这种"断裂"的前后，也具有对这个概念的不同用法，它的意义内涵也有所不同。这是因为使用这个概念的文脉——亦可称作"布置"（constellation）发生了变化。这本书即是以通常被作为连续性概念使用的"象征"概念为轴，描绘它的变化。

郑：那为什么在这段历史中，您聚焦的是"象征"的概念，而不是其他概念呢？

小田部：这是因为"象征"概念在这一百年间的美学中，总是作为重要的概念被运用，并且各个理论家还在回溯过去用法的同时，用自己的方式重新做了探索。换言之，通过聚焦"象征"概念，我想，我可以更好地捕捉到美学的变化与发展。

郑：您于 2001 年出版了《艺术的逆说：近代美学的成立》，2006 年出版了《艺术的条件：近代美学的境界》。这两本书是"姐妹篇"吧，它们是《象征的美学》的延续吗？

小田部：是的，这两本书可以说是《象征的美学》的延续。但它们要解决的问题不同，是以其他的视点对这个时代的美学理论进行新的考察。

郑：您在《艺术的逆说：近代美学的成立》中说，"本书的主题是'艺术'概念的确立，而不是'艺术'这个'术语'的成立过程"。这两者之间有何不同？

小田部：我想具体来说的话更容易理解。作为术语的"艺术"，是在巴特（Charles Batteux，1713—1780）《还原为唯一原理的艺术》（1746）中确立的。它在表示技术的名词"art"前，附加了表示美丽的形容词"beau"——因为

---

① 小田部胤久『象徵の美学』、東京大学出版会、1995 年、序、4 頁。

是复数形，所以是 "beaux-arts"。这个词被翻译成英语 "fine arts" 和德语 "schöne Künste"，在欧洲广为流传。但是，巴特理解的 "艺术" 与我们今天理解的 "艺术"，在某个根本点上存在着不同。换言之，巴特认为艺术基于确切的规则。这表明他仍然基于修辞学的模式。我们将这种艺术解释看作 "古典的艺术观"。而近代化的 "艺术" 概念，则成立于它明确表示出艺术完全不被规则束缚之时，这即是我说的 "近代的艺术观"。这是巴特之后，在法国由达朗贝尔（Jean le Rond d'Alembert，1717—1783）提出的。促成新的概念的成立，需要有新的术语的诞生，但是反过来却未必。

郑：那这两本书书名中用到的 "逆说" 与 "条件" 分别又是指的什么？

小田部："艺术的逆说" 是说近代化的艺术概念包含了某种悖论，也正是因为这些悖论，艺术才作为艺术得以成立。用刚才的说法，则是在 "近代的艺术观" 内部存在一种基于规则又脱离规则的悖论。"艺术的条件" 则是指促使这些 "近代的艺术观" 成立的外在要因。

郑：《艺术的逆说》考察的是 "艺术家""艺术作品""创作""创造""独创性" 等构成包括近代美学内在的基础概念的历史，而《艺术的条件》考察的却是 "产权""先入观""国家""方位""历史" 等看上去与美学主题有一定疏离的概念。这些概念与美学之间具有何种关系？

小田部：近代化的艺术被一种自律性定义，而自律性则因为将异质之物排除在外而得以成立。但明确地排除一些事物，不也就反过来表示排除的主体与被排除的客体之间存在着一些关联吗？从这种观点出发，我写了《艺术的条件》。下面，我以 "产权" 为例，简单地加以说明。康德主张审美判断的无利害性，即在他看来，当看到某幅绘画时，产生想要得到这幅画的想法的话，就不是审美判断。但我注意到有些时候，德语中表示独创性的 "eigentümlichkeit" 与表示财产的 "eigentum" 相关。独创性与财产看起来好像并没有什么关系，但实际上，这两个词的源头都是表示 "固有的" 形容词 "eigen"。换言之，某种艺术家的固有之物就是这个艺术家的财产。反过来说，某种非艺术家所固有之物，就是这个艺术家与其他人的共有之物。如果再进一步调查的话，就会发现这种产权观是与 17 世纪成立的劳动价值学说相关的。如此一来，就产生了一个假设，即近代的劳动价值学说与近代的独创性理念之间是否存在某些共通的基础？这就是该书第一章所讨论的内容。一般来说，用刚才提到的福柯的观点来看，美学的成立促成了 18 世纪末 "断裂" 以后的近代的特征，也因此，近代的其他学问乃至思考方式——福柯所说的 "知识"（epistēmē），即美学的外部之物——与美学密切相关。在《艺术的条件》中，我试图阐明这些联系。

郑：您似乎不同意"近代美学是康德确立的，在黑格尔那里得以完成"的说法[①]？

小田部：确实可以说美学史在18世纪末成立的，但却不能说它以康德乃至黑格尔为代表。倒不如说，是将康德与黑格尔卷入的一场大的思想运动促成了美学的成立。席勒以及其他浪漫主义者们，也对美学的成立做出了各种各样的贡献。

郑：2009年，您出版了《西方美学史》。在这本书中，您将考察的视线扩大到近代以前，即美学及艺术概念成立以前的时代，去尝试构建一部美学通史。在这个过程中有没有遇到什么困难？

小田部：我在撰写的过程中，始终牢记着美学通史的意义不仅在于它是历史性的知识，而且也展现了美学的思考。学生时代，我读了许多《西方哲学史》之类的书籍，虽然学有长进之后重新去读，也会有很多豁然开朗的时候，但它们始终很难进到脑子里。一般的通史之所以对初学者很难，是因为它们对各个思想家的理论进行了总结和概述。并且，因为篇幅的限制，也只能如此论述。与此相对，我采用了以论代述的方式，以此展现特定思想家为什么如此思考的思想过程。如此论述的话，篇幅会有所增加，网罗性的通史也就不可能了。而我没有追求网罗性的原因，就在这里。

郑：在这本书中，您没有采用常规的编年史写法，而是以"主题＋人名"（例如第一章"知识与艺术——柏拉图"）的方式组成，这又是出于什么考虑？

小田部：我的出发点在于，让读者通过阅读一本简洁的书籍，不仅掌握美学的知识，而且也能够理解美学的思考方式。因此，我尽量将我理解某个特定文本的方式，通过论述反映出来。例如，我读了莱辛的《拉奥孔》，读的虽然是《拉奥孔》，但同时我想到了在此之前的有关比较诗歌与绘画的议论（例如柏拉图《国家》第10卷）以及20世纪中叶格林伯格（Clement Greenberg，1909—1994）发表的论文《再次迈向新的拉奥孔》。换言之，我是将莱辛的《拉奥孔》与柏拉图的《国家》以及格林伯格的论文放在一起对照来理解的，比如说，这个点和柏拉图是相同的，另一个点与格林伯格是不同的，等等。我在书中尝试将这种理解方式展现出来。另一个重要的原因是，只有通过限定在某个特定的主题，论述方式才能是有效的。

郑：您的这部美学史有十八章，也就是由十八个主题和人物构成。这十

---

① 小田部胤久『芸術の条件：近代美学の境地』、東京大学出版会、2006年、まえがき、ⅰ頁。

八位美学家，您是基于什么标准挑选出来的？

　　**小田部**：这本书是以关于"艺术"的思考为主题的，所以我优先选择了提出过与"艺术"概念相关理论的人物。并且，我重视的是这个思想家所讨论的主题具有多少理论的张力。主题绝不是某个特定思想家独有的，它是许多思想家共有的。我选择的基准在于这些重要思想家是否选取了这样的主题。

　　**郑**：您认为，这部著作与您在附录《与西方美学相关的事典、概论》中列举的其他日本学者的美学史有何不同之处？或者，您能对这些书目中的代表性著作进行简要的点评吗？

　　**小田部**：竹内先生编撰的《美学事典》的开篇《美学艺术理论史之部》，是非常出色的西方美学史，既简洁又全面，在论述上没有遗漏。与此相对，我的书引用了较多原著。我希望读者可以通过我的解说去阅读原文，以此推进对原典本身的阅读。

　　**郑**：2020 年，您出版了大著《美学＝Aesthetics》。是什么原因让您决定写下这部长达 500 页的对于康德《判断力批判》的"解说书"？

　　**小田部**：这与我刚才说的紧密相关。这本书最重要的目标，是要促进一般读者对《判断力批判》这本专门书的阅读和理解。它并不单纯是对《判断力批判》这部古典名著的解说书，而是让读者们自己阅读并理解《判断力批判》的指引书。帮助读者们自己去思考，才是这本书的目标。

　　**郑**：请您介绍一下这本书的构成与体例。

　　**小田部**：刚才我以对莱辛《拉奥孔》的解读为例对《西方美学史》进行了说明。这本书也是如此。读《判断力批判》这样的古典名著，掌握它的历史文脉非常重要。之前的理论对后代的影响是巨大的，通过对《判断力批判》的解读，可以弄明白与从古代到现代的美学史全体的问题系。这本书整体由十章组成，章节的构成与《判断力批判》第一部完全对应。并且，每章由 A、B、C 三个部分组成。各章的 A 部分对康德的论述进行逻辑性重构。康德的论述在书写上并不是很容易理解的，为了让他的逻辑构成变得容易理解，我重构了他的论述。与此相对，各章的 B 部分对 A 部分中的论点乃至概念进行历史性的回溯，阐明康德议论的历史背景。C 部分将时间下延，聚焦康德的论述在 20 世纪后半期乃至 21 世纪中是如何被继承或展开的。而且，我始终努力做到不管是选取哪个部分阅读，在论述上都可以使读者获得相应的理解。

　　**郑**：这本书是对《西方美学史》的一种补充吗？

　　**小田部**：是的。各章 A 与 B 部分，都各自构成一部小小的美学史。并且，本书对《西方美学史》中没有涉及的所谓后现代系的理论，也进行了充分的讨论。

郑：在《西方美学史》的结语中，您谈道："或许，今天要求的是将'怪诞'（Grotesque）、'低俗'（Kitsch）、'恶趣味'也包含在内的美学理论，它与美的再定义紧密相关。以'西方的艺术的概念史'为目标的本书，虽然没能涉及这些问题，但我想在不久的将来，将它们作为我的课题。"① 最后，我想了解您在这方面的进展或接下来的著述计划。

小田部：我现在正在为 2024 年 4 月开始的放送大学的课程"西方的美学·美术史"，准备教科书。这是与美术史家宫下规久朗教授共同撰写的，由我负责前面八章的内容。在这本书里，我想就"美感与快感的关系""美感与知觉的关系""创作与解释的关系"等主题，在对西方美学史进行概观的基础上，展现自我的思考。2023 年，课程即将开始录制。另外，我也非常期待能有机会和美术史家一同撰写一部《近代日本的美学·美术史》。

郑：谢谢您抽出宝贵的时间来接受我的采访，期待您的研究成果不断面世！

小田部：也谢谢你的提问，这对我来说是一个重新思考的契机，希望你在东京大学能够学有所成。

---

① 小田部胤久『西洋美学史』、東京大学出版会、2009 年、246 頁。

# 韩语美学原理简介

中山大学东亚研究中心　徐希定

**摘　要**：在韩国，美学研究始于日治时期 1926 年京城帝国大学（现首尔大学）法文学部（法学部、文学部）创立之后，而首尔大学美学系一直是韩国美学学术界的中心。20 世纪 60 年代以后，始于京城大学的日本美学研究体制逐渐进入独立发展时期。本研究首先介绍白琪洙、吴昞南、金文焕教授的美学理论著作，他们活动于首尔大学美学系归属文理大学和归属人文学院时期，筑成了韩国美学研究发展的基石。其次，介绍 1968 年以首尔大学为中心创立的韩国美学会于 2007 年出版的美学大系中的第二卷《美学的问题与方法》，这一卷集中讲述了美学原理。另外，针对与西洋美学处于同等地位的东洋美学，还将介绍作为东洋美学研究中心的成均馆大学儒教文化研究丛书中关于东亚美学原理的《东亚艺术与美学的旅程》。

**关键词**：韩国；美学原理；美学学科；东亚美学

在韩国，美学研究始于日治时期 1926 年京城帝国大学（现首尔大学）法文学部（法学部、文学部）创立之后，所以研究美学原理的历史并不长。此后，首尔大学美学系一直是韩国美学学术界的中心。在活跃于解放前后的美术史学者高裕燮的文稿中，可以找到比较基础的研究成果。日治时期，高裕燮在京城帝国大学法文学部下设的哲学系主修美学，1930 年毕业后在京城帝国大学美学研究室担任助教，寻找与中国、日本、印度有别而韩国特有的美的本质，试图弥补至今为止在东洋美学研究中留下的空白。高裕燮受到里格尔学派和沃尔夫林学派的实证学的直接影响，这在他留下的包含美学原理性讨论的六七页短论稿《美学概论》[①] 中有所反映。但在 1944 年解放前夕，高裕燮去世，随着解放后学界混乱和研究人员不足现象的持续，美学研究包括美学原理研究不得已进入了停滞期，一直持续到 1960 年。特别是在 1948 年，原隶属于文理科大学[②]哲学系的美学专业转而归属艺术大学后，学科整体性出现了巨大混乱，而京城大学一贯将美学学科和美术史学当作一个整体来对待，对这一决定产生了重大影响。[③]

20 世纪 60 年代以后，始于京城大学的日本美学研究体制逐渐进入独立发展时期。1960 年，美学学科从艺术大学中分离出来，到 1974 年重新归属文理科大学，同时，重新确立学科整体性的行动开始进行。借此，编写美学原理研究书籍以奠定美学研究的学术基础成为可能。1975 年，美学学科再次迎来学科体制上的变动，文理科大学分立人文学院的同时，在人文学院中设立了宗教学、美学专业，重新构建了哲学系。因此，从 1960 年到 1985 年美学学科独立，美学与美学研究呈现出从以美术史为中心向以哲学为中心的变化。这一时期策划并出版的美学原理著作，至今仍作为构成韩国美学界的基础，发挥着巨大的影响力。

本研究首先介绍白琪洙、吴昞南、金文焕教授的美学理论著作，他们活动于首尔大学美学系归属文理大学和归属人文学院时期，筑成了韩国美学研究发展的基石。同时，介绍 1968 年以首尔大学为中心创立的韩国美学会于 2007 年出版的美学大系中的第二卷《美学的问题与方法》，这一卷集中讲述了美学原理。另外，针对与西洋美学处于同等地位的东洋美学，还将介绍作为东洋美学研究中心的成均馆大学儒教文化研究丛书中关于东亚美学原理的《东亚艺术与美学的旅程》。

---

① 高裕燮：《美学与美术评论》，见《又玄高裕燮全集》第 8 册，悦话堂，2013 年，第 100—106 页。

② 文理科大学 1975 年更名为文理大学。

③ 首尔大学美学系系历史材料库：www. meehak. snu. ac. kr/sites/meehak. snu. ac. kr/files/meehak _ history _ 2016. pdf：3—5.

# 一、白琪洙：《美学》①

## 目　录

**白琪洙《美学》**

---

① 백기수: 미학, 서울대학교출판부, 1978.（白琪洙：《美学》，首尔大学校出版部，1978 年。）

作者白琪洙在《美学艺术序说》（1972）、《美学概说》（1974）、《美学》（1978）、《美学概说》（1984）等著作出版后还继续从事美学史翻译工作，从 1967 年伯纳德·鲍桑葵（Bernard Bosanquet）的《美学史》（*A History of Aesthetic*）开始，1976 年安德烈·理查德（André Richard）的《美术批评的历史》(*La Critique D'Art*)，1984 年托马斯·门罗（Thomas Munro）的《东洋美学》(*Oriental Aesthetics*) 被陆续翻译并介绍到韩国。

白琪洙《美学》是最早出现在韩国美学界的美学书籍。作者在这本美学原理书中主要回答了两个问题，一是关于"美"本身的哲学性解答（第1—4章），二是关于"艺术"的艺术史性解答（第5—7章）。白琪洙之所以像这样在两大领域内讨论美学原理，是因为自身受到的思想影响和写作时美学学术位置的变化。解放后，白琪洙在首尔大学法文学部主修美学，之后在东京大学取得文学博士学位，并于1968年回母校首尔大学任职。作者在首尔大学法文学部学习时，京城大学还留有殖民地文教政策的残余，其后在日本东京大学攻读博士学位，实为京城大学的延续，由此可以推断其受到强调美术史因素的日本美学原理理论结构的直接影响。与此同时，在作者任教于首尔大学前后发生的美学学科的学术归属转移问题也不容忽视。其对艺术大学引进美学系的原因进行了解释："作为这个国家前所未有的艺术教育机构，艺术大学成立后，之所以让美学系归属艺术大学，是因为美学教育不仅是单纯的理论省察，还让人有充分的机会直接接触实际的实践教育或艺术创作活动，从而取得更大的教育成果。"① 这实际上表明，白琪洙在讨论美学的原则性问题时，同时运用了美术史观点和哲学观点。

白琪洙在正文第1章中，首先从自然、艺术、人类（人生）三个层面回答了美是什么的问题。接下来在第2章，通过心的对象感受过程、心的作用和审美体验，将讨论的对象从美本身转换为人类，回答了人类如何感知对象并最终引发"美"这一感情的问题。第3章讨论了美的多种范畴。第4章讨论了美的价值。虽然从美学史或思想史发展的脉络上可以看出相关论述的不足之处，但是使美的定义、观念和范畴形成了有机整体，同时明确展现了美学这一学科的研究对象、目的和意义，这一点值得高度评价。从第5章开始，作者超出"美"而对"艺术"问题进行了讨论，通过艺术创作、艺术作品、艺术解释（即创作者、作品、欣赏者的观点）对艺术是什么进行了回答。如果说第5章进行了关于艺术原理的理论性讨论，那么第6—7章就抛开了对艺术作品的讨论，讲述了与美术史和美术批评有关的内容，这可以理解为白琪洙向国内译介工作的延续。白琪洙的《美学》在韩国国内美学概念模糊的时期，介绍了美学这一学问的研究目的和对象，奠定了研究的理论基础，具有

---

① 首尔大学美学系历史材料库：www. meehak. snu. ac. kr/sites/meehak. snu. ac. kr/files/meehak _ history _ 2016. pdf：4.

重大价值。但由于没有系统地介绍美学史的发展过程，对概念的理解不够深入，而且主要涉及欧洲古代及中世纪的美学内容，所以作为美学理论书籍，在内容上缺乏平衡，有些美中不足。

## 二、吴晡南：《美学讲义》①

吴晡南《美学讲义》

### 目　录

导论：美学的问题、方法、倾向

1. 西方美学的基本概念

2. 美：美的语言、概念、理论

3. 从趣味论到审美态度论

4. 古代艺术的两个概念：灵感与模仿

5. 艺术的近代体系及概念

6. 想象力与艺术：创造的概念与艺术家的自由

7. 近代美学的起源

8. 近代美学的最终归宿：康德与美学思想

---

① 오병남: 미학강의, 서울대학교 미학과, 2003.（吴晡南：《美学讲义》，首尔大学校美学科，2003 年。）

9. 现代美学：方法与发展

10. 梅洛－庞蒂（Maurice Merleau-Ponty）的艺术与哲学：以《眼与心》为中心

11. 从批评哲学到艺术哲学：从价值评价到意义解释

12. 艺术的本质：能否为其下定义？

13. 艺术的两股潮流和"游戏"的概念：暂时性的正义试验

14. 未来的艺术与人类的新形态

附录

参考文献

索引

卷末附录

树立中国美学过程当中对基本概念的反思（读书新闻，1987 年）

为建立韩国美术史而思考（首尔大学新闻，1969 年）；

文化的二元结构和韩国文化的问题（首尔大学新闻，1987 年）

从韩国美学学术史发展的角度看，吴晡南的《美学讲义》具有重大意义。1960 年，美学系重新回归文理科大学哲学系，但随着美术史学等艺术课程的取消和教学计划的重新调整，课程失去了平衡性。60 年代中期，首尔大学美学系课程授课以德国观念论专业的朴义铉教授和东方美学专业的金正禄教授为主，英美美学处于空白状态。不仅如此，指导德国观念论美学的朴义铉教授也基本上遵循了东京大学的美学体系和大西克礼的日本帝国主义强占时期的美学理论，因此不能看作纯粹的德国观念论美学。在这种情况下，1970 年左右，白琪洙教授和吴晡南教授上任后，学问才得以均衡。①

吴晡南教授毕业于首尔大学美学系，曾担任韩国美学会会长、韩国哲学学会艺术哲学分会代表，以及国际美学学会韩国代表。他在美国伊利诺伊大学哲学系获得美学博士学位后，于 1970 年回到母校任职。作者曾在有关朴义铉教授的回忆录中指出韩国美学界所具有的严重问题，即 20 世纪 60 年代之前，韩国美学界一直认为以康德和黑格尔为中心的德国古典美学是绝对的，这充分说明他当时是具有问题意识的。为此，作者不仅开设了当时课程中缺乏的英美美学课程，还开设了文艺论、美术史等艺术理论，以及音乐论、戏

---

① 首尔大学美学系历史材料库：www. meehak. snu. ac. kr/sites/meehak. snu. ac. kr/files/meehak _ history _ 2016. pdf；5.

剧论等艺术类课程，并以此为契机，在许多高校的人文课程中增设了美学和艺术学课程。

《美学讲义》是一本反映他问题意识的著作，从"美"和"艺术"的维度共同定义美学的基本概念。此外，关于白琪洙美学原理著作《美学》中缺乏的思想史解释和美学概念发展前的讨论，在吴晒南《美学讲义》中也得到系统的展开。吴晒南将"美学"概念归结为从古希腊开始，经过中世纪和文艺复兴，再到近代康德和黑格尔的美学，同时将其与现代艺术思想联系起来解释，不仅从思想方面整理了美学原理，还通过现代艺术的观点揭示美学的意义。吴晒南的《美学讲义》将美学的源流和现代意义放在一起系统整理，普及了学问，受到了认可。作者因为促进了韩国对西方美学理论的接受，并通过持续讨论为韩国美学一般理论的构建指明了方向，于 2003 年获得了第 22 届洌岩学术奖，2015 年获得了第 56 届"三一文化赏"。

### 三、金文焕编：《美学的理解》[①]

金文焕编《美学的理解》

---

① 김문환편: 미학의 이해, 문예출판사, 1989.（金文焕编：《美学的理解》，文艺出版社，1989年。）

# 目 录

(16) 装饰

(17) 象征

(18) 游戏

(19) 天才

(20) 灵感

(21) 想象

(22) 技巧

4. 审美对象

(1) 审美对象

(2) 素材

(3) 格式

(4) 内容

5. 审美范畴

(1) 审美范畴

(2) 纯真美

(3) 特性美（性格上的）

(4) 优美

(5) 崇古

(6) 悲壮

(7) 滑稽

(8) 幽默（Humor）

6. 艺术类型

(1) 艺术类型

(2) 艺术种类

(3) 样式

(4) 古典

(5) 传统

(6) 环境

(7) 个性

Ⅲ. 分析美学基础

1. 美学及艺术哲学的根本任务

(1) 美学·艺术哲学·艺术批评

(2) 美的东西

（3）审美价值

（4）艺术哲学的任务

2. 艺术哲学的概念基础

（1）用以区分艺术哲学概念的特征

（2）艺术的解释

（3）艺术的媒介

3. 关于艺术本质的理论

（1）作为模仿（再现）的艺术

（2）作为表现的艺术

（3）作为形式的艺术

4. 艺术、真理、伦理

（1）艺术与真理

（2）艺术与伦理

## Ⅳ. 现代艺术理论的美学成果

1. 序言

2. 艺术创造

（1）创造者的创造性研究

1）心理学的艺术创造研究

2）历史学的艺术创造研究

3）社会学的艺术创造研究

（2）创造对象研究

（3）结论

1）创造与创造者

2）创造与本性

3. 艺术作品的接受

（1）社会结构与公共

（2）公共艺术研究

4. 审美价值的几个问题

（1）趣味的社会学

（2）评价性探讨的含义理论

（3）回归价值判断

5. 苏联的艺术与艺术研究

（1）艺术概念

金文焕毕业于首尔大学美学系，在德国法兰克福大学获得哲学博士学位，之后担任首尔大学美学系和表演艺术系合作课程教授。此外，金文焕还曾担任韩国美学会会长、韩国表演艺术评论家协会会长、韩国戏剧学会会长等职，这表明他不仅拥有广阔的视域，而且一直在艺术领域进行各种实际活动。《美学的理解》是金文焕教授所编的美学理论书籍。该书系统地整理了当时编者为了与哲学系有所区分，在调整美学教学课程和教学计划时重新设计的美学原理理论。

《美学的理解》主要由现代美学、美学普遍理论、分析美学和现代艺术理论组成。金文焕与吴晒南不同，他是从近代思想而不是古代思想去寻找美学原理的起点，因为他把美学学问的诞生而不是哲学的起源视为标准。因此，该书以宣告美学学问开始的鲍姆嘉通和之后的大陆理性主义哲学家的美学为开端，经过浪漫主义，迄观念论，介绍近代美学史主要发展过程，明确指出了美学这一学问的诞生背景、目的和发展方向。第二章　"美学体系"全面介绍了美学理论的核心要素，这与白琪洙所做的工作相通。金文焕眼中的美学体系主要由关于美和艺术的讨论组成。在这里，作者分别深入讨论了美学和艺术学，以及成为其直接对象的美和艺术本身。此外，在上述背景下，通过美意识和审美欣赏过程、艺术创作的多种要素、审美对象和范畴、艺术类型来回答人类如何以审美的方式对待对象的问题。上述内容可以说从根本上综合了大陆理性主义美学和关于艺术的探讨。接着，第三章中增加了英美分析美学的内容，弥补了上一代美学家略有忽视的学术倾向，重新找回了作为美学原理理论书籍应该遵守的均衡性。当时在韩国，英美分析美学还是一个比较陌生的领域，因此这一节具有很强的概论性，目的是为读者提供清晰的概念，涉及分析美学的基本任务、艺术哲学的基础、艺术的本质等。最后一章试图通过讲述现代艺术理论和新的美学理论，迎合现实中的变化和审美接受。本章集中介绍了此前韩国学术界很少被提及的苏联艺术理论和研究现状，因而具有重大意义。

## 四、《美学大系》第二卷《美学的问题与方法》①

《美学大系》

### 目 录

---

① 미학대계간행회：미학대계 2 권：미학의 문제와 방법, 서울대학교 출판부, 2007. （美学大系刊行会：《美学大系》第二卷《美学的问题与方法》，首尔大学校出版部，2007 年。）

—无关心性

—否定审美（the Aesthetic）的立场

—审美价值（欧洲大陆）

—审美价值理论

—美的存在论

艺术

　—艺术的定义

　—艺术作品的存在

　—关于柏拉图主义音乐论的论争

　—艺术作品欣赏

　—艺术作品的批评（解释）

　—艺术作品的评价问题（Evaluating Art）

　—再现

　—表现

　—形式

　—对虚构故事的哲学理解

　—象征

　—隐喻

　—样式

　—感情

　—假装相信

　—想象力

　—天才和创造性

　—审美直觉

　—艺术与自然

　—为艺术的艺术

　—审美假象

　—游戏

　—艺术与科学

　—艺术与道德的关系：从古代到近代

　—艺术与知识

　—艺术与教育

　—美学和政治

　—关于阿伦特理解中康德美学的政治内涵的小考

## 第二部　现代美学的方法论与发展

形而上学

　—现代形而上学的美学

　—海德格尔的艺术哲学

　—德里达：形而上学的解构

现象学方法论

　—作为美学方法论的现象学

　—梅洛—庞蒂的绘画存在论以及存在论的绘画

　—米克尔·杜弗伦的审美体验现象学

　—罗曼·英加登

艺术符号论

　—欧洲大陆符号学的发展

　—罗兰·巴特

　—安伯托·艾柯

　—传统英美艺术符号论的概要和批判

　—纳尔逊·古德曼的艺术符号论

社会学美学

　—艺术社会学

　—超越近代和物化

　—格奥尔格·卢卡奇的美学、文学思想

　—瓦尔特·本雅明

　—恩斯特·布洛赫

　—阿多尔诺

　—葛兰西

艺术史的哲学

　—艺术史的哲学

　—维也纳学派的美术史学

　—瑞格美术史学中的"艺术欲望"概念

　—沃尔夫林与形式主义美术史

　—美术史的哲学

　—埃尔文·潘诺夫斯基：向着形式与内容的综合

解释学

　　《美学大系》第二卷《美学的问题和方法》由首尔大出版社于 2005 年出版，旨在庆祝吴晽南教授退休，为此，组织了以朴洛圭教授和他的弟子为中心的"美学大系刊行会"，89 名韩国国内美学专家参与其中。该计划后来转变为奠定美学研究学术基础的大型项目，耗时三年左右，由第一卷《美学的历史》、第二卷《美学的问题和方法》、第三卷《现代的艺术和美学》组成，共收入论文 135 篇，总页数达 2500 页。丛书第一卷从美学史的角度对美学理论进行了探讨；第二卷从通史的角度系统地整理了美学原理理论和方法论；第三卷在上述美学史、美学原理的背景下，概括了音乐、美术、电影、戏剧和建筑的美学，同时深入介绍了成为当代艺术讨论焦点的认知科学、女权主义、生态主义、进化心理学等理论以及与媒体艺术、数码艺术相关的讨论。

　　从《美学大系》的内容构成来看，第一卷讲述了 17 世纪近代哲学的背景和美学的成立过程，以及通过该过程形成的主要美学概念。本著作特别地深入探讨了 17 世纪美学成立过程中出现的有关"给予快感的价值"的讨论，以及那些能否成为"美的（the aesthetic）"的问题。关于这个问题，金文焕的美学学理著作呈现出立场二分的倾向，一是以德国为中心的大陆哲学潮流影响下的美学观点，二是英美哲学影响下的美学观点。而《美学的问题和方法》试图摆脱这种二分法，其基本立场是，不同流派的美学共有相同的问题意识，只是在解释该问题的方法论上遵循了不同的传统，因此显现出差异。

第二卷在现代形而上学、现象学、艺术符号学、社会学美学、艺术史哲学、解释学、分析美学等领域，根据人物或学派进行美学原理理论的探讨。但从详细内容来看，是以欧洲大陆德国哲学传统中的美学为中心，对英美哲学传统中的美学讨论相对较少。特别是从整体结构来看，关于法国结构主义和后期结构主义（解构主义）思想，仅有一个简短的章节，甚至几乎没有涉及后期结构主义理论。因此，该著与当代美学理论的有机衔接存在局限。在第二卷内容中占很大比重的德国近代思想家的美学理论首先被海德格尔等德国自己的思想家开始拆解，之后又由法国后结构主义者解构，这一过程可以归纳为"脱近代"过程。这表明，法国后结构主义美学和艺术学不仅是从近代到脱近代的重要黑白点，还是现代和当代的重要转折点。但是，在韩国美学界，法国后结构主义美学却没有受到很大关注。

## 五、辛正根《东亚艺术与美学的旅程》①

辛正根《东亚艺术与美学的旅程》

---

① 신정근：동아시아예술과 미학의 여정，성균관대학교 출판부，2018.（辛正根：《东亚艺术与美学的旅程》，成均馆大学校出版部，2018 年。）

# 目　录

5. 结语

第五章　"선비 Seonbi［儒生］"精神与风流文化的结合样态

1. 提出问题

2. "선비 Seonbi［儒生］"的起源和历史上现实情况

3. 风流的起源和历史变迁

4. "선비 Seonbi［儒生］"与风流的结合形态

5. 结语

第六章　韩国风流与美学的关联性

1. 提出问题

2. 风流：含义的冲突与过度的期待

3. 风流与美学的连接可能性

4. 结语

第七章　艺术人文学之路：从人文学危机论到自生能力论

1. 提出问题

2. 人文学危机的真相及其原因

3. 受赞助的艺术和具有自生能力的艺术

4. 确保人文学的自生能力

5. 结语

参考文献

附录：董仲舒的天论

1. 序论

2. "同类相动"说：作为掌握世界（宇宙）的方法

3. 世界的同质性：气

4. 世界秩序和价值的根源：天

5. 结论

　　自白琪洙的《美学》以来，韩国的美学界紧急接受源于欧洲的美学思想，包括英美哲学传统美学，之后又急于跟上不断发展的当代美学新潮流，结果造成包括韩国美学在内的东亚美学研究相对不足。虽然不断有人提出建立与西方同等层次上的东方美学理论体系，但实际过程中仍然存在不少困难。光复时期韩国美学界的东方美学研究由京城大学美学系的高裕燮主导，他在日本美学史研究影响下，进行包括日本、中国、印度美学在内的东方美学研究，与此同时试图确立可以与之分别出来的韩国美学理论体系。但因光复前夕高裕燮去世，这一思潮也中断了。此后，由于首尔大学美学系反复迁移，重建东方美学理论体系工作面临困难。1961 年首尔大学中文系金正禄教授就职后开始主持中国美学研究，但 1973 年他卸任后，美学系的主流研究方向慢慢变为西方美学。

《东亚艺术与美学的旅程》作者辛正根教授毕业于首尔大学哲学系，是以中国哲学为中心的东方哲学研究专家。获得博士学位后，他执教于继承韩国性理学传统的成均馆大学儒学东洋系，致力研究以东洋哲学为基础的美学。韩国的东方美学原理研究或者直接搬用日本的研究模式，或者通过翻译中国的理论著作来奠定基础。辛教授的工作属于后者。在东方美学学术基础薄弱的情况下，作者的第一阶段工作是筛选中国的美学著作，作为《东亚艺术美学丛书·中国篇》出版。在此过程中，中国人民大学张法教授（现任教于四川大学）的《中国美学史》，北京大学章启群教授的《百年中国美学史略》，山东大学陈炎教授的《审美文化简史》被优先翻译并出版。其第二阶段的工作是积极与亚洲大学美学研究机构直接进行学术交流。如与北京大学美学系、山东大学文艺美学研究中心进行持续的学术交流，参与关于生态美学、生生美学等热点美学话题的讨论，并把这些新的学术话题介绍到国内。《东亚艺术与美学的旅程》就是在这种扎实的学术基础上诞生的成果之一，通过阐明东亚美学和艺术思想基础，努力不让东方美学被西方美学吸收，同时用能够与西方美学沟通的语言解释东方美学的核心概念，并体现其意义和特性。

《东亚艺术美学丛书·中国篇》中首先在韩国翻译出版的三部中国美学论著

上图从左到右依次是：张法《中国美学史》，韩译本名为『중국미학사』，回译成中文为"中国美学史"；章启群《百年中国美学史略》，韩译本名为『중국현대미학사』，回译成中文为"中国现代美学史"；陈炎《审美文化简史》，韩译本名为『동아시아 미의 문화사』，回译成中文为"东亚细亚美的文化史"。

在《东亚艺术与美学的旅程》中，作者优先讨论了东亚美学和艺术的诞生空间。在此，作者所关注的概念包括基于庄子思想的"美游"概念和嵇康的"声无哀乐"和"声有美恶"概念。严格来说，"美游"是作者为表达庄子美学的精神世界而合成的概念。作者尤其认为，包括嵇康在内的魏晋玄学者的艺术观是解读东亚美学的关键，这是因为虽然东亚美学的源流作为不同的元素独立出现，但经过魏晋时代之后这些思想元素之间形成了一种统一性。见于魏晋文献中的图画所表现出的精神层面的"神似"概念以及"无弦琴"就是可视为对象内在的"理""道""无"本身，这就是欣赏东亚艺术的美学原理的精髓。最后，作者继续讨论当今美学、艺术人文学面临的危机以及克服危机的方案，即"人文的自生能力"，这其实是对东亚美学研究的一种反思，也意味着东方美学作为跨越未来危机的战略之一所可能有的发展。

# 印度现代美学的演进*

青岛大学文学与新闻学院　侯传文

北京大学外国语学院　李文博

**摘　要**：印度现代美学大致可以分为三个时期。19 世纪末至印度独立为第一个时期，在西方美学影响和冲击之下出现了印度美学自觉。20 世纪 50 至 70 年代为第二个时期，在印度古典美学的现代转型、印西美学比较研究和美学基本原理的探讨方面都有建树，代表人物有 K. C. 潘迪和 P. J. 乔杜里。20 世纪 80 年代至 21 世纪初为第三个时期，其主要特点是在更加深入的印度传统美学、西方现代美学和东西美学比较研究的基础上融会贯通，进行系统的美学理论建构，代表人物有 A. C. 苏克拉和 S. K. 萨克西纳。

**关键词**：印度美学；现代美学；潘迪；乔杜里；苏克拉；萨克西纳

20 世纪伊始，尤其是 20 世纪后半叶以来，印度美学理论著作颇丰，洋洋大观。印度主要的文献检索系统印度国家电子图书馆（National Digital Library of India）中"美学"（aesthetic）条目下收录了 5835 种图书文献和 71984 种论文文献，其中，由印度本土学者编著的美学著作就有 95 种以上。[①] 美学专著语种分布上以英语为主，也偶见梵语、印地语、孟加拉语、泰米尔语、泰卢固语和马拉地语等语言。这不仅有印度特殊的殖民历史背景的原因，也表现出现当代印度美学家对话世界，面向西方建构印度美学或东方美学话语的努力。

---

　* 本文系国家社科基金冷门绝学专项项目"印度佛传文学资料整理与研究"（2018VJX033）的阶段性成果。

　① 印度国家电子图书馆（https://ndl.iitkgp.ac.in/），检索时间为 2022 年 9 月 3 日。

# 一、东西对话与美学自觉

印度现代美学大致可以分为三个时期。以印度宣布成立共和国之前为第一个时期，称为发生期。本时期以印度民族独立运动为背景，印度现代美学一方面表现为西方美学的影响，另一方面表现为印度美学的自觉。

印度现代美学的奠基人是罗宾德拉纳特·泰戈尔（Rabindranath Tagore，1861—1941）。早在泰戈尔 1897 年出版的文集《五个元素的日记》中，就有一篇谈论美学的文章，题为《美的因素》。文章从一个地主的收租仪式引出关于艺术和美学的讨论，指出："美是物质和精神之间的桥梁。……一旦物质客体被看作是美的，它们就不仅仅是物质的。精神渗透进物质，同时物质通过精神而变得生动。这导致快乐。这样的桥梁的建筑是诗人的真正工作，在这一工作中他发现自己的荣耀。"[1] 1905—1907 年印度民族运动高潮期间，泰戈尔为学生做了关于文学艺术的系列讲演，其中有《美感》《美和文学》等美学论文。《美感》主要讨论真善美关系和审美快感问题。泰戈尔主张真善美的统一，他概括善美关系为"美的形象是善的完美形式，善的形象是美的完美本质"。进而以诗的语言做了这样的表述："一旦花朵把自己的色香变为甘甜的果实，美和善就在发展的最高阶段里统一起来。"[2] 关于真美关系，他首先概括为"获得真的现实就是享受，这就是最高形式的美"，然后进一步解释说："我们理解了真实，就会感受到乐趣。我们没有全面地把握真实，就感受不到乐趣。只有我们全面地把握真实，我们方能爱它，方能感受到乐趣。当我们认识到这一点时，真实的感受和美的感受就会一致起来。……我们的文艺女神就是'Truth'（真实）和'Beauty'（美）的化身。"[3] 在《美和文学》中泰戈尔提出了"美在韵律"的思想，指出："一方面是发展，另一方面是抗衡——美就产生在发展与抗衡的韵律之中。"[4] 在写于 1911 年题为《美》的文章中，他提出自然美的本质是和谐，包括自然本身的和谐和人与自然关系的

---

[1] Rabindranath Tagore, *Angel of SurPlus：Some Essays and Addresses on Aesthetics*, S. K. Ghose, ed. Calcutta：Visva-Bharati, 1978, pp. 66—67.

[2] 泰戈尔：《美感》，见《泰戈尔全集》第 22 卷，倪培耕译，河北教育出版社，2000 年，第 76、79 页。

[3] 泰戈尔：《美感》，见《泰戈尔全集》第 22 卷，倪培耕译，河北教育出版社，2000 年，第 81—82 页。

[4] 泰戈尔：《美和文学》，见《泰戈尔全集》第 22 卷，倪培耕译，河北教育出版社，2000 年，第 101 页。

和谐。他 1912 年至 1913 年在美国哈佛大学等地发表的宗教哲学演讲集，题为《正确地认识人生》（又译《人生的亲证》《人生的实现》等），其第七章《彻悟美》集中讨论美学问题。作者提出了两个重要的美学命题，其一，美感即快乐，他指出：就像科学每天都在探索未知的领域一样，"我们的美感也同样在扩大着自己的占领地。……美是无处不在的，因此一切事物都能够给我们以快乐"①。其二，美在和谐，他指出："通过对真理的感觉，我们可以认识万物中的法则，通过美感，我们可以认识宇宙中的和谐。"② 另外，作者还提出了"美存在于平凡的事物中"，"丑是对生活之美的歪曲反映"等重要美学思想。除了专题的美学论文，泰戈尔在其文学论著中也时常谈论美学问题，如他在 1936 年出版的论文集《文学的道路》的序言中说："从前说：'美给人以快感，由此，在文学中应该有美的地位。'实际应该说，'心灵把赋予快感的东西称为美，那个东西才是文学的材料。'"③ 并进一步讨论了为什么审美只有快感而没有痛感的问题。

在西学东渐的大背景下，印度现代美学的基本话语特征无疑是东西美学对话。泰戈尔从小接受英语教育，青年时期曾经赴英国留学，他使用的美学概念、逻辑以及关于美学原理的论述，与印度传统美学迥异，显然是西方美学影响的结果。在具体观点上，他也反复引用济慈的"美即真理，真理即美"。然而泰戈尔也并非一味地接受西方美学，而是注意从印度传统美学中汲取营养，将印度传统的"味""欢喜"等美学范畴进行创造性转化。如他在《美和文学》中提出"味的完整性"："倘若我们以完整的味欣赏图画，我们就会感到此画所包含的深刻本质。"并以注释的方式引用了 14 世纪印度重要文论著作《文镜》的观点："《文镜》讲述味的本质时说，味是'完整'的。这篇文章竭力全面地、清晰地解释它的含义。如果没有这种完整性，就不能有味的感受。"④ 在关于美感即快感的论述中，他主要征引《奥义书》。他的"美在韵律"思想则是在自己创作经验和哲学思考基础上的独创性理论建构。

印度美学理论拥有悠久的历史发展脉络，且自成体系，与西方美学体系

---

① 泰戈尔：《正确地认识人生》，见《泰戈尔全集》第 22 卷，倪培耕译，河北教育出版社，2000 年，第 77 页。

② 泰戈尔：《正确地认识人生》，见《泰戈尔全集》第 22 卷，倪培耕译，河北教育出版社，2000 年，第 79 页。

③ 泰戈尔：《文学的道路·序》，见《泰戈尔全集》第 22 卷，倪培耕译，河北教育出版社，2000 年，第 184 页。

④ 泰戈尔：《美和文学》，见《泰戈尔全集》第 22 卷，倪培耕译，河北教育出版社，2000 年，第 109 页。

完全不同。西方自古希腊柏拉图和亚里士多德等思想家以来，美学就是哲学的一个分支，1750 年鲍姆嘉登《美学》的出版正式确立了美学学科的地位。印度古代基本没有作为哲学分支的美学理论①，而是与艺术实践相结合，以情、味、韵、喜等概念范畴进行美的思考。因此，一些秉持西方中心主义思想的美学家在观照印度美学史时，就持有印度并不存在美学的怀疑或蔑视态度。在印度民族运动蓬勃兴起的背景下，一些印度美学家也积极地为印度美学、艺术进行辩护，由此出现了印度美学的学术自觉，并形成印度现代美学的民族主义。如 K. S. R. 夏斯特里于 1928 年出版的《印度美学》一书，开篇即点明该书的目的在于"揭示印度是美和浪漫之国，印度艺术和美学具有数千年的历史"②。在该书中，作者首先在第一章阐述"一般美学的本质"，随后在第二、三、四章分别讨论"印度美学的不同点""印度美学的历史"和"印度美学学说的发展"。此类美学著作还包括 M. 希利亚南的论文集《艺术体验》③，A. K. 库马拉斯瓦米《印度艺术引论》④《湿婆之舞》⑤ 等。已经有学者注意到，印度古典美学丰富的理论是这一时期美学家对抗西方美学话语体系的武库，他们坚持传统而抵制或吸收西方美学学说，但是民族主义情绪支配下的美学思考或许存在偏激之嫌，暗含风险。⑥

## 二、印西比较与原理探讨

20 世纪 50 至 70 年代为印度现代美学发展的第二个时期，以印度独立后的现代化建设为背景，其主要特点表现为印度古典美学的现代转型、印度与西方美学理论的对话和比较研究，并在此基础上进行美学基本原理的探讨。

进入 50 年代以后，印度学者开始主动吸收西方美学理论成果，将其作用于印度古典美学理论的现代转型，或将印度美学元素纳入西方美学基本框架，或用西方美学话语重新阐述印度美学思想。1968 年由印度高等研究协会

① 金克木：《略论印度美学思想》，《哲学研究》，1983 年第 7 期。

② K. S. R. Sastri, *Indian Aesthetics*. Srirangam：Vani Vilas Press, 1928, p. ii.

③ M. Hiriyanna, et al, *Art Experience*. New Delhi：Indira Gandhi National Centre for the Arts, 1997.

④ A. K. Coomaraswamy, *Introduction to Indian Art*. Delhi：Munshiram Manoharlal, 1969.

⑤ A. K. Coomaraswamy, *The Dance of Shiva*：*Fourteen Indian Essays*. Bombay：Asia Publishing House, 1948.

⑥ 参见张法：《从世界美学史三大阶段看世界美学的未来》，《艺术评论》，2022 年第 7 期；尹锡南：《印度现代文论转型期的特殊美学观——以 A. K. 库马拉斯瓦米和 M. 希利亚南为例》，《北京教育学院学报》，2014 年第 5 期。

（The Institute of Advanced Study）出版的会议论文集《印度美学与艺术活动》① 分为四个板块："印度美学的基本设定及其近年来与艺术活动之关联""印度当今美学思考及其与当下国家艺术问题之关联""比较美学与艺术活动""现代世界艺术运动及其美学理论"，展现出现代印度美学界的关切和思考维度。

　　这一时期的印度美学理论著作主要集中在三个方面。一是印度古典美学的现代转型和阐释，代表性著作有 P. J. 乔杜里的《印度美学的审美态度》（1965）②，T. P. 拉马钱德兰的《印度美的哲学》（1979）③，K. 克利希纳莫蒂的《印度美学与批评研究》（1979）④ 等。二是印西美学的比较和对话，代表性著作是 K. C. 潘迪的两卷本《比较美学》（1959）⑤，此外还有 G. H. 拉奥的《比较美学：东方与西方》（1974）⑥ 等。三是西方现代美学和美学原理的研究，代表性著作有 P. J. 乔杜里的《美学研究》（1964）⑦、《美学导论》（1977）⑧，P. C. 查特吉的《美学基本问题》（1968）⑨，T. M. P. 马哈德万的《美的哲学》（1969）⑩等。当然，即使这些以探讨元美学原理为主的著作，也都或多或少涉及文本分析，这是印度美学理论著作的特点。

　　随着 19 世纪印度英语教育的普及，西方古今美学著述纷纷进入印度学界的视野。然而，直到 20 世纪中叶，印度美学原理方面仍以西方英语美学著作或印度人译介的德语、法语美学著作为主，虽然有 K. S. 拉马斯瓦米萨斯特、M. 希利亚南、A. K. 库马拉斯瓦米等学者致力为印度美学发声，但出于印度学者之手的美学原理方面的论著仍寥寥无几。这一时期，印度学者致力借助

---

① R. Niharranjan, et al, *Indian Aesthetics and Art Activity*：*Proceedings of a Seminar*. Simla：Indian Institute of Advanced Study，1968.

② P. J. Chaudhury, *The Aesthetic Attitude in Indian Aesthetics*. Madison Wis：American Society for Aesthetics，1965.

③ T. P. Ramachandran, *The Indian Philosophy of Beauty*：*Perspective*. Madras：Dr. S. Radhakrishnan Institute for Advanced Study in Philosophy，University of Madras，1979.

④ K. Krishnamoorthy, *Studies in Indian Aesthetics and Criticism*. Mysore：D. V. K. Murthy，1979.

⑤ K. C. Pandey, *Comparative Aesthetics*. Varanasi：Chowkhamba Sanskrit Series Office，1959.

⑥ R. G. Hanumantha, *Comparative Aesthetics*，*Eastern and Western*. Mysore：D. V. K. Murthy，1974.

⑦ P. J. Chaudhury, *Studies in Aesthetics*. Calcutta：Rabindra Bharati，1964.

⑧ P. J. Chaudhury, *A Guide to Aesthetics*. Jijnasa：Distributor Best Books，1977.

⑨ P. C. Chatterji, *Fundamental Question in Aesthetics*，Simla：Indian Institute of Advanced Study，1968.

⑩ T. M. P. Mahadevan, *The Philosophy of Beauty*. Bombay：Bharatiya Vidya Bhavan，1969.

西方美学研究范式对印度古典美学史进行梳理并从印度民族视角对西方美学展开评介，逐渐形成了印西美学比较研究的传统，其中 K. C. 潘迪于 1953 年出版、1959 年再版的两卷本《比较美学》是令人瞩目的高峰。其第一卷《印度美学》套用西方美学分类法，结合印度美学传统，从戏剧艺术、音乐艺术和建筑艺术三个板块对印度美学进行梳理介绍，非常翔实。作者针对印度戏剧艺术中味论美学、韵论美学等传统话语，采用西方美学术语如审美、审美客体、审美体验、审美态度等，试图从原理的维度加以现代阐释，其中虽有美学原理问题的探索，但主要成就在于印西美学（史）的比较研究。其第二卷《西方美学》以历史的方法介绍了西方自柏拉图、亚里士多德到黑格尔、叔本华、克罗齐的诸多美学思想体系，被誉为比肩鲍桑葵《美学史》和吉尔伯特《美学史》的第三部西方美学史著作。

1964 年，曾任加尔各答大学艺术学院哲学系主任的 P. J. 乔杜里遗稿《美学研究》整理出版。该书从美学原理层面提出印度美学对美的本质、美的对象、美的功能等问题的见解，是印度学者在美学原理领域的补缺之作。

乔杜里首先试图重新厘清科学、艺术和宗教的关系。他认为，科学基于某些宗教的元素，如对同类的爱和理想主义，才正确地产生甜美的果实，否则，社会上将恶多于善。某些先天预设于人类心灵的范畴如因果律，科学不仅无法证实它或反对它，还必须以它为前提，进而进行物质世界的研究乃至科学本身的研究。这说明"心灵与感觉世界存在着隐秘联系，且不是偶然的"，"注意到（该联系）的统一性和一致性，驱使人将它想象为一种表现或者普遍精神，它也是个人心灵的基础，人们在不知不觉中受到这种精神的影响"；在这种意义上，科学与宗教是完全相同的，"个人的思想是由神假设的，神通过他们体验了一个在他创造欲望中投射出的世界".[①] 人们的想象活动与上帝的创造活动没什么不同，通过活动，我们同样投射了一个外部世界。我们在创造中享受完全的自由。科学视世界为完全开放的，但世界实为半遮半掩、半隐半现的。因此，科学仅是文化的一部分，只能直接或间接地帮助我们达成宗教目的。同样，艺术通过各种形式使人们体会到现实生活中难以体会的各种情绪，这种或喜或悲的情绪体验不同于日常生活中所体验的悲喜，而是一种情绪被调动的纯粹的审美愉悦。艺术家们只有在作品中写出自然事物所暗示的共同人类情感，才能使其作品具备普遍性和可传播性。情感本质的一致性和统一性与科学规律类同，所以我们就可以推测，"所有人中都有一

---

① P. J. Chaudhury, *Studies in Aesthetics*. Calcutta：Rabindra Bharati, 1964，pp. 12—13.

种精神，它喜欢创造这个世界，将多种情感与物体联系起来，并以个体的人的形式来体验它们，同时从艺术背后巧妙地享受它们"①。

基于宗教与科学、艺术的这种关系，乔杜里进而提出了印度与西方"形而上学美学"（metaphysical aesthetics）相对的"美学形而上学"（aesthetical metaphysics）的特殊美学观。前者通过对现实的认识达到智性（intellectually），从而对美进行解释；后者则是以对美的体验支配对现实的理解。两者的根本区别在于以真鉴美与以美鉴真。西方美学从苏格拉底、柏拉图、亚里士多德到叔本华，皆认为艺术活动是为了模仿理念（idea），其哲学思考制约着对美的理解。在印度，人们的审美经验支配着他们的哲学认识，审美的沉思区别于理论反思，美区别于智性真理。"当柏拉图等经院哲学家们将艺术活动视为理性的盛宴时，印度的美学家们却视之为知觉（feeling）的盛宴。"② 印度的艺术理论强调主体主动地对客体施以自由感受或同情，这与被动地等待客体激发审美感受不同，与通过智性思考获得审美感受也不同。审美享受是完全自由自主的，也是超然的，如果知觉被其他形式破坏，审美也就荡然无存了。印度的艺术理论正是基于对艺术的直接体验，更像是"艺术体验心理学"，而非"美的哲学"。在印度，审美体验与终极真理也结合在一起，在吠陀文献中就有"梵的本质即是美的本质（rasa），品尝梵就是理解梵"的说法。美与真理是同一的，而不是主客体二元的。神创造的世界是一个艺术品，艺术家在艺术活动中实际是模仿神，它不仅是自我实现，更是对神的崇拜形式。神是完美而无所欲求的，所以才会因为"游戏"而不是其他原因创造世界，神的世界不会有任何变化或痛苦，因此作为艺术品的此在世界必须被理解为是虚幻的，被神遮蔽。艺术家在效仿神的艺术活动中品尝到神圣的愉悦。客观对象在日常的心理态度中是独立的、真实的；在审美态度中虽然也是真实的，但却不独立于审美体验，因为它除了被体验，没有其他意义。并且，审美体验的客体并非客观对象，而是由其所引发的情绪感觉，例如乌云意味着阴沉，白鸽意味着纯洁，塔尖意味着志向，等等。在审美中能引发该情绪的物体被认为是美的，反之则是丑的。神对于世界的体验是超然的审美体验，对于审美对象，他的主体性（subjectivity）已经达到极致。人们审美的目的就在于在审美态度上克服自我习惯，消融美与丑的对立。"随着我们对世界的体验变得更加包容和统一，我们就愈加接近绝对智性。"③ 自

---

① P. J. Chaudhury, *Studies in Aesthetics*. Calcutta：Rabindra Bharati，1964，p. 17.

② P. J. Chaudhury, *Studies in Aesthetics*. Calcutta：Rabindra Bharati，1964，pp. 21—22.

③ P. J. Chaudhury, *Studies in Aesthetics*. Calcutta：Rabindra Bharati，1964，p. 28.

我或心灵不是对象，而是主体借以理解客体的一个象征。神不是可知的实体，而是主体性的一个级别。在日常生活中，由于我们处于较低级的主体性水平，我们只能接受现实，根据经验看待实际上是幻象的此岸世界，我们的喜怒哀乐情绪变化不是自由感受而是被触发。只有在审美过程中，我们自由而主动，喜怒哀乐各种情绪都是享受，在这短暂的时刻中，我们将整个宇宙视为美丽的事物，实际上内在地与神达成了同一。

相应的，乔杜里也探讨了艺术在何种意义上被称为真实、多大程度上与审美相关的问题。乔杜里认为，"艺术是一种富有想象力的伴随着超凡喜悦的体验，不是被动或盲目地忍受，而是在启蒙中积极地享受。从某种意义上说，它是通过某种被立刻捕捉到的情绪而得到的知识，该情绪的体验就是作品的意义，也是艺术独一无二的品质"[1]。他指出，艺术作品不能简单地被限定为真实或虚假。在理性认知中艺术的某些元素或许存在真假区别，在实际生活中也会对我们产生或好或坏的各种影响，但在审美意义上，艺术作品除了被体验外没有其他意义，对任何事物都没有对或错的分别。艺术作品在某些意义上也是真实的。第一，艺术作品对现实的描绘并不完全与客观现实一致，在一些文学作品中包含的思想虽然会有或对或错、或真或假的评判，但思想只是作品主导情感体验的附属物，因此，只要能够唤起读者的情绪体验，该作品就是真实的。换言之，如果一部作品是以情感体验而不是理智思考为目的，它就是艺术，反之则不是，例如诗歌和科学论文的区别。第二，艺术是心灵的直接体验，根植于人的普遍本性、基本动力和情感冲动，在体验中获得的经验并非游离而随意的，而毋宁是充满内在意义即人的本质的经验。意识到这种体验的内在价值和意义，将加深对审美体验之美的味感。对特定经验中普遍性的直觉，在审美沉思中呈现出来，此时，艺术就具有普遍性和真实性。第三，艺术具有社会性，暗示着一种共同的人性。艺术作品是一般价值的特殊变体，在其感性表面之下具有普遍范围的"深度意义"和"根源价值"，人类对人类价值的直觉不以概念的形式而以认知的形式存在于审美意识之中，通过审美，艺术引导人们分辨重要但无法表达的模糊概念。在这个意义上，艺术也是真实的。

乔杜里立足于印度哲学美学传统的美学原理研究，既体现了印度美学研究的新发展，又使印度现代美学的演进进入一个新的阶段。

---

[1]　P. J. Chaudhury, *Studies in Aesthetics*. Calcutta：Rabindra Bharati, 1964，p. 76.

## 三、融会贯通与理论建构

20 世纪 80 年代至 21 世纪初为印度现代美学发展的第三个时期，其主要特点是在深入的东西比较和细致的印度美学研究的基础上融会贯通，进行系统的美学理论建构。本时期印度美学论著也可以分为三个大类，即美学原理、印度美学理论和比较美学研究，其中，美学原理方面的代表性著作有 R. K. 戈什的《美学概念与预设》(1987)[①]，A. C. 苏克拉的《艺术与表现》(2001)[②]、《艺术与体验》(2003)[③]、《艺术与本质》(2003)[④]，S. K. 萨克西纳的《美学：概念、方法和问题》(2010)[⑤] 等。印度美学理论代表性著作有 P. 苏蒂的《印度美学理论》(1983)，P. S. 夏斯特里的《印度美学理论》(1989)[⑥]，H. L. 萨尔玛的《印度美学与美学观点》(1990)[⑦]，V. 卡帕拉等编的《印度传统美学理论与形式》(2008)[⑧] 等。比较美学方面代表性著作有 R. 穆赫吉的《比较美学：印度与西方》(1991)[⑨]，A. 钱杜里的《比较美学：东方与西方》(1991)[⑩] 等。其中 P. 苏蒂的《印度美学理论》共有三章。第一章从美学基本原理出发研究印度古典美学现象和问题。第二章以跋娑、马鸣、首陀罗迦三位戏剧家为中心，研究相关的美学问题。其中特别关注了以马鸣为代表的佛教美学，对"慈悲"（karuna，或译为悲悯）、"游戏"（līlā，或译为自在）、"自然"（sahaja，或译为共生、易行、俱生等）等佛教概念进行了现代阐释，赋予其美学意义。第三章着重研究戏剧家迦梨陀娑的美学思想。苏蒂以印度古代戏剧家为切入对象，探讨其艺术思想的美学意义，并由此展开相关美学概念的

---

① R. K. Ghosh, *Concepts and Presuppositions in Aesthetics*. Delhi: Ajanta Publications, 1987.

② A. C. Sukla, et al, *Art and Representation: Contributions to Contemporary Aesthetics*. Westport Conn: Praeger, 2001.

③ A. C. Sukla, et al, *Art and Experience*. Westport Conn: Praeger, 2003.

④ S. Davies, A. C. Sukla, et al, *Art and Essence*. Westport Conn: Praeger, 2003.

⑤ S. K. Saxena, *Aesthetics: Approaches, Concepts and Problems*. Delhi: Sangeet Natak Akademi and D. K. Printworld Ltd. , 2010.

⑥ P. S. Sastri, *Indian Theory of Aesthetic*. Delhi: Bharatiya Vidya Prakashan, 1989.

⑦ H. L. Śarma, *Indian Aesthetics and Aesthetic Perspectives*. Meerut: Mansi Prakashan, 1990.

⑧ K. Vatsyayan, D. P. Chattopadhyaya, S. Deshpande, A. K. Anand, et al, *Aesthetic Theories and Forms in Indian Tradition*. New Delhi: Centre for Studies in Civilization, Distributed by Munshiram Manoharlal, 2008.

⑨ R. Mukherji, *Comparative Aesthetics: Indian and Western*. Calcutta: Sanskrit Pustak Bhandar, 1991.

⑩ A. Chaudhary, *Comparative Aesthetics, East and West*. Delhi: Eastern Book Linkers, 1991.

阐释和美学理论的思考，可以说别开生面。该书在 20 世纪 90 年代已经译为中文出版。[①]

A. C. 苏克拉是当代印度美学理论界的重要人物。他是《比较文学与美学杂志》（*Journal of Comparative Literature and Aesthetic*）与 "Vishvanatha Kaviraja 比较文学与美学研究所"（Vishvanatha Kaviraja Institute of Comparative Literature and Aesthetics）的创始人，两者都在国际上享有盛誉。苏克拉在国内国际都有重要影响，是印度许多知名大学和剑桥大学、利物浦大学等英国知名大学的客座教授。苏克拉兴趣广博，在比较美学、文学理论、艺术哲学、文学哲学、宗教、神话和文化研究领域都卓有建树。

1977 年，苏克拉将其博士学位论文《诗学中的模仿概念》（*The Concept of Mimesis in Poetics*）整理出版，题为《希腊和印度美学中的模仿概念》（*The Concept of Imitation in Greek and Indian Aesthetics*）。该书从吠陀文献中寻找印度美学的哲学依据，将印度美学的起源追溯至吠陀时代，是利用平行比较的方法探寻印度美学与希腊美学模仿观念的有益尝试。该书分为三个部分，分别阐述希腊美学的模仿观念、印度艺术的模仿观念及两者的类比关系。苏克拉指出，在吠陀本集文献中，印度哲学家形成了神秘主义的宇宙观和创世论，认为宇宙的创造不是自然的或机械的，而是起源于精神冥想和欲望（Kamā）。源初，既没有存在，也没有不存在，宇宙及各种现象由于欲望显现出来。这种创造模式随着劫波（Kalpa）而是"无—创造—存在—毁灭（无）"不停反复、无始无终的过程。在创造中只有纯粹作为心理形式的创造本身，而具体的创造仅仅是该心理形式的外化或表现。对创造的欲望是其实现的力量，因此这是一个循环：模式体现在创造中，创造被吸收到模式中，欲望是两者的根源。所以，通过冥想的欲望是神圣或世俗的所有创造物的共同来源。苏克拉以吠陀神话中毗首竭磨（Visvakarman）为例，指出吠陀时代的艺术创作已经与瑜伽苦行、沉思和超然等联系在一起，艺术家必须对世界及其中各种对象和事物有着透彻的了解，他应该知晓那些事物的特征，意识到一种深刻的美感，这种美感指能吸引观察者目光和思想的事物品质或特征。这种艺术创造并非对自然界依然存在的事物的"模仿"，而是自然物体的所有吸引人的品质的独特结合（rupenapratima），这种创作行为以渊博的知识、强大的敏感性、深刻的沉思和熟练的建设能力为前提。毗首竭磨正是通过持续的沉思达到了这一点，从"三个世界里运动或静止的物体中凡是崇高的、值

---

[①] 帕德玛·苏蒂：《印度美学理论》，欧建平译，中国人民大学出版社，1992 年。

得看的"认识到美的本质。毗首竭磨制造出的提罗陀摩（Tilottama）的美完全来自他周围的世界，但又具备神圣的独特性，因为她只是神"纯粹心理形式"的巧妙外化，她是一个 Silpa，是一个女人，但又是全新的。《梨俱吠陀》的颂诗起初由于形式通俗而无法配合音乐旋律，不能唤起祭祀者或祭司的情绪而使他们演唱，更难以使他们因感受到众神的形象而迷醉狂喜。这些颂诗被称为"Sastra"，不同种类的 Sastra 被收集在一起加以编排改造并配音乐，成为新的综合诗歌 Stotra。Stotra 是 Silpa（意译为建筑艺术）的一种，后者在史诗中则是毗首竭磨作品的代名词。从 Sastra 到 Stotra 再到 Silpa 的发展显示出印度艺术创造的发展逻辑：印度美学不是对自然世界或个体事物的机械模仿，而是对不同客体的美学特征的抽象总结和整体把握。Stotra 是用来取悦众神的艺术，因而是神圣的。而所有的人类艺术行为，都是对这种神圣艺术的模仿，也即人类 Silpa 模仿神 Silpa。整个宇宙可以被视为神冥想的创造物，那么人类对神 Silpa 的模仿也可以被视为对自然的模仿，在这个意义上印度的模仿观念与古希腊模仿说具有一定的一致性，但其内涵存在差异，因为这种模仿必须以沉思等为前提。Silpa 的概念在后世发生了扩展，延及艺术的各种形式。文学作品中以 Kalā 指代艺术，Kalā 在内涵上与 Silpa 是一致的，都来源于自我表现及自我表达的欲望，其目的都是享受自我，也即在艺术创造中抽象地感受神创造万物的快感。艺术家的成就不用归功于造物主，而完全属于他自己。对印度美学与古希腊美学模仿说的如是比较，不仅从本源上厘清了印度美学与西方美学的相通之处与根本差异，而且为后来致力于美学原理问题的探讨打下了基础。

21 世纪初，苏克拉编著的《艺术与表现》《艺术与体验》《艺术与本质》三本美学论集先后出版。这些著作汇集了以苏克拉为首的一批印度当代知名美学学者的呕心沥血之作，代表着当代印度美学的最新成就。苏克拉为每部论集撰写了长篇引言，详细阐述他对"表现""体验"和"本质"的理解，并解释印度学者在相关艺术领域的最新研究成果。以《艺术与体验》的引言为例，苏克拉首先检视了西方自笛卡尔、康德、黑格尔，到海德格尔、尼采、胡塞尔、伽达默尔，及一些宗教哲学家如基思·杨德尔等的艺术体验观，并发表了自己的见解。其后着重介绍了印度美学特殊的艺术体验观。印度艺术体验观来源于宗教哲学。在印度，宗教与哲学领域常用"darsana"一词表示宗教艺术体验，"darsana"字面意思是"视觉感知"（visual perception）。对于印度唯心主义宗教（以佛教和印度教为主）而言，所有的现实都是"一种不确定的感性体验"，也就是说现实世界总是体验性的（invariably

experiential）而不是物质性的，体验没有必要具有除体验之外的任何内容，也即"对现实的体验是自足自洽的"。除"darsana"外，还有"anubhava""anubhuti"等，都用来表示对神圣实体的精神性体验。这种对神圣存在的精神体验观念延伸到艺术领域，意味着意识的最纯粹形式与情感的最纯粹形式完全一致，因此艺术审美体验完全等价于宗教灵性的精神体验。但两者也有区别，在宗教体验中，瑜伽行者往往被神圣实体完全吸纳（absorbed），所有的现象都会从意识中消失。但在艺术审美体验中，情绪则会在达到原型形式时保持该状态并以特殊形式如爱、笑、恐惧、悲伤等表现出来。[1] 在《审美体验与对艺术、自然的体验》一文中，苏克拉继续从印度美学的角度将上述论述引向深入。在《艺术与表现》一书引言中，苏克拉梳理评述了西方从柏拉图到德里达，从经院哲学学派到语言学、结构主义、解构主义的艺术表现观。该论集中的论文分为两个部分，第一部分是对西方既有理论知识体系的思考和批评，第二部分从表现理论出发探索艺术的本质问题，可以视为印度美学家试图与西方美学进行对话，并在此基础上融会贯通，进行新的美学建构。《艺术与本质》中的论文讨论的问题更加深入和广泛，包括艺术是否具有确定的本质、艺术与自然间的差异和联系等，有些论文从休谟、康德、尼采等西方学者的著述出发，进行艺术本质的新阐释。

2010 年问世的 S. K. 萨克西纳的《美学：概念、方法和问题》（*Aesthetics：Approaches，Concepts and Problems*）是印度现代美学理论研究的重要成果。该书以"当下美学"作为切入点，以现代主义美学特别是现象学美学的视角考察从 17 世纪到 20 世纪西方美学的发展历程，就艺术的范围、特征以及美学领域一些基本概念如"崇高""美"等进行了辨析。作者仍然将西方美学和印度传统美学纳入视野，但已经很少对印度美学与西方美学做简单比较，而是力图将二者熔于一炉。如关于美学基本概念的探讨，关于审美态度、审美体验等问题的思考主要基于西方美学，特别关注西方美学的"当下"即 20 世纪后期的发展，但他认为美学进入现代以来不再以"美"而是以"艺术性"作为主要对象，美学理论的讨论中心转移到以形式、表达或符号等概念为中心的对艺术理论的分析。而在艺术理论分析方面，他既聚焦于印度传统的味论，同时又借用当代西方现象学的概念术语，对印度古典美学中味的审美理论进行阐释，特别是从现象学的角度解释了体验味的审美过程，强调语境对审美态度与审美体验的重要影响。可以看出，S. K. 萨克西纳不再

---

[1] A. C. Sukla, et al, *Art and Experience*. Westport Conn：Praeger, 2003, pp. xvii—xviii.

像 K. C. 潘迪等人那样将印度美学和西方美学隔离并列或平行比较，而是以西方哲学和美学理论为参照，将印度传统美学理论与西方美学融会贯通，进行美学原理的探索和理论建构。

# 四、结语

印度现代美学自 19 世纪末开始酝酿，发展至今日，从研究视野、研究对象到研究范式都经历了复杂的演进过程。从泰戈尔到潘迪、乔杜里、苏克拉和萨克西纳，印度几代美学家从美学自觉逐渐走向学科自信，他们既从印度古典美学中吸取养分，又借鉴西方美学思想，从印西比较到印西融合，在美学原理的探索中积极贡献印度智慧。

印度古典美学的思想资源始终是印度现代美学研究的立足点和武库，其影响主要表现在三个方面。首先，印度古典美学理论的独特性表现为同宗教的密切关系。苏克拉在谈到黑格尔的"艺术终结论"时指出，黑格尔所谓"艺术—宗教—哲学"的文化表达方式既是线性的，也是"循环的或原型的"（cycical or archetypal）。在线性维度中，人的意识通过艺术—宗教—哲学的模式以完美的理性状态达到其最终目标；而在循环维度中，"模式随着文化原型的兴衰而往复"。[①] 印度美学理论无疑属于后者。正如乔杜里在《美学研究》中所提出的，印度美学或艺术哲学乃至科学都依附于宗教世界观，这种观念在现代美学思考中仍持续发挥着影响。艺术品只有能唤起对宗教绝对存在的特殊体验才能被称为真正的艺术品，真正的审美体验不是感官愉悦，而是对宗教绝对存在的超然体验。其次，从泰戈尔到拉马斯瓦米、潘迪、乔杜里直至当下，印度古典美学中的一些概念术语如情、味、韵、喜等，都被直接引用并加以现代阐发。最后，印度古典美学的审美体验是感性的、直觉的，这一特点同样延续到现代美学学者的论述中。

通过对印度美学文献的梳理，可以看出印度学者在研究范式上逐渐从自觉走向自信。拉马斯瓦米、夏斯特里、库马拉斯瓦米等早期学者撰述的专著是基于民族主义情感对本民族美学理论和思想独特性的捍卫。20 世纪 50 年代以潘迪为代表的学者则尝试将印度美学纳入西方美学话语体系，以西方的理念进行现代阐释。在《比较美学》中，潘迪借鉴西方范式，将美学理论分为戏剧、音乐、建筑三大板块，这可以看作一次有益的尝试，但三个板块比例

---

① A. C. Sukla, et al, *Art and Experience*. Westport Conn: Praeger, 2003, p. xiv.

严重失衡，也显示出强行套用西方范式的理论难度。乔杜里等的研究从原理出发，试图以印度独特的美学理论体系与西方美学分庭抗礼。以苏克拉为代表的当代学者，则以更积极、更自主的态度与西方美学理论展开对话。如苏克拉在《审美体验和对艺术与自然的体验》一文中指出，西方的学者将梵语美学中特有的概念如"āsvādana""rasa""carvaṇā"等直接翻译为"审美体验"或"审美狂喜"，虽然为梵语美学提供了与西方审美经验理论并列讨论和互相理解的机会，但这些术语实际在上是不能完全等同的。由此他着重分析了梵语美学概念在特殊语境下的特殊指向，力图在现代美学语言结构分析转向中发出印度的声音。[①]

此外，比较研究是印度现代美学研究的一个重要维度。自库马拉斯瓦米以来，印度美学家大多致力印西美学比较研究，而且不断推进。潘迪在《比较美学》中详细比较了印度美学中的模仿（anukrti）与希腊美学中的模仿（mimesis），认为两者是对等的。苏克拉则将该问题的讨论引向深入，指出了两者在认识论层面上的根本不同。如果说潘迪的《比较美学》是对西方美学和印度美学在美学史层面的梳理比较，拉奥、钱杜里等则逐渐深入具体概念、方法等的理论比较，苏克拉和萨克西纳虽然没有摆脱比较的思维和范式，但已经走向融会贯通。印西美学比较研究的这种层层推进，从一个侧面体现了印度现代美学的演进。比较不是理由，也不是目的，通过比较加深对印度美学民族特性的认识，进而在融会贯通的基础上进行美学理论建构，是印度当代美学家方兴未艾的事业。

① A. C. Sukla, "*Aesthetic Experience and Experience of Art and Nature*", *Art and Experience*. Westport Conn: Praeger, 2003, pp.145—158.

# 印度现代美学原理著作：时代与类型*

北京大学外国语学院　李文博

**摘　要**：印度进入世界现代化进程之后，产生了与西方美学原理著作的框架相似的美学原理著作，本文据时代和类型选取三种具有代表性的美学原理著作，即潘迪的《印度美学》、乔杜里的《美学研究》、萨克西纳的《美学：概念、方法和问题》，通过目录呈现其基本结构，再予以分析。

**关键词**：印度美学原理；代表著作；基本类型

## 一、K. C. 潘迪《比较美学：印度美学》[①]

### ■ 目　录

**第一章　印度美学史**

前言/论述范围/戏剧的宗教起源/戏剧艺术的历史和演变/《舞论》/《舞论》的意义/摩奴对戏剧的态度/《舞论》的目的/戏剧表演的目的：审美道德改良/婆罗多在《舞论》中尝试的问题/对以上美学问题的解决/《舞论》鸟瞰/《舞论》的缺憾/味作为审美客体/婆罗多眼中味的重要性/审美客体——味的要素/专业术语解释/情由/情由的两个方面/情态/情/不定情/常情/不同角度中味的重要

---

* 本文系国家社科基金冷门绝学专项项目"印度佛传文学资料整理与研究"（2018VJX033）的阶段性成果。

① K. C. Pandey, *Comparative Aesthetics Vol. 1 Indian Aesthetics*, 2nd ed. Varanasi: Chowkhamba Sanskrit Series Office, 1959.

性/婆罗多关于味的概念/味各要素的关系/婆罗多对味的定义中"常"字的疏漏/审美客体不是模仿/味与常情等的区别/婆罗多眼中味的重要性，另一个视角/审美客体的本质/味的地位/从观众的视角看/对《舞论》的评论/跋吒·洛罗吒的实践观点/跋吒·洛罗吒的理论/对其的批判/误解的原因/对跋吒·洛罗吒理论的另一异议/商古迦的贡献/商古迦对美学问题的心理认识/知识的条件/个体灵魂或主体/神性与感觉/知识的客体/知识的手段/误差或幻象/怀疑/认识/推理的必要性/商古迦对婆罗多味的定义中"常"字的疏漏的解释/推理判断的本质/艺术认知的不可归类性/艺术认识并非错误的/审美判断并非可疑的/并非是对相似性的认知/绘画对他的美学理论的影响/该理论的贡献/对其的批判/对审美判断的批判/反对对常情的模仿的论据概述/马的画像的类比批判/数论美学/对早期理论的批判/《数论经》《莲花经》中的美学理论/跋吒·那耶迦的知识背景/跋吒·那耶迦的吠陀倾向/跋吒·那耶迦对其他理论的批判/他的新方法/他的基本假设/其贡献/吠檀多形而上学与欢愉/博跚的数论理念/历程/博跚的概念，依据瑜伽体系/博跚的特殊概念/对新方法的批判/跋吒·那耶迦的立场解释/新护美学影响下的新因素

## 第二章 新护美学的湿婆教基础

新护的重要性/新护的理性神秘主义/新护的理想主义/新护体系中其他学派理论的位置/绝对存在的神秘概念/灵魂的不纯洁性/出于不纯洁性而对自由的精神规训/新护形而上学的背景/绝对存在的理性概念/湿婆教的有形一元论/湿婆的唯意志论/显现言说/意识作为惊奇的范畴/惊奇问题的语境/湿婆教的博跚概念/博跚语境中的绝对存在/个别的主体/个别主体的特性/能力与特性的区别/存在、空间、黑暗与欢愉、疼痛、无感觉/个别主体与博跚的特性/结论/个别主体的限制/行动能力的限制/知识能力的限制/一般客体欲望/顺从因果律/时间/时间作为手段的标准/经验的层次/沉眠中的主体/与黑格尔的不一致/新护的 sunya pramata/apavedya susupta 与 turiya 的区别/savedya susupta 与 prana pramata/从感觉层次到无客体层次的审美体验/味的意义/显现言说的认识方法/显现的不变本质/时空作为特殊性的基础/普遍性依据显现言说的暗示/显现言说理论下的畅通层次

## 第三章　新护的美学理论

畅通层次/三者关系/审美客体形态构成/心理学分析下审美客体的本质/戏剧表演并非幻象/审美客体是一个"投射"吗？/它并非局部的呈现/观众视角中的审美客体/审美客体的超俗本质/审美人格的构成/审美态度/从感觉到忘我/从忘我到确证/确证的过程/时间等的消除的哲学解释/从确证到想象/审美想象的扩张/从想象到情感/从情感到完全的畅通/恐惧的来源/审美体验的障碍/结论/戏剧表演的目的/审美体验并非真正的动情/新护对婆罗多味的定义中"常"字的疏漏的解释/戏剧与诗歌中的审美体验/听到戏剧吟诵也可能产生审美体验

## 第四章　味的类型

味的类型的不同观点/薄婆菩提认为悲悯味是唯一的味吗？/薄婆菩提对味的种类问题的看法/波阇认为艳情味是唯一的味吗？/他对于艳情味的定义/味与情的区别/审美体验/其过程/艳情味的三个阶段/其回应/胜财的方法/新护对味的种类问题的看法/爱的审美体验（艳情味）/艳情味的含义/艳情味的起源/爱，艳情味的基本感情/艳情味出现的过程/愤怒的审美体验（暴戾味）/热情的审美体验（英勇味）/厌恶的审美体验（厌恶味）/厌恶味与解脱的关系/愉悦的审美体验（滑稽味）/悲痛的审美体验（悲悯味）/悲悯味与艳情味的区别/商古迦关于悲悯味的概念/对其的批判/新护对悲悯味的看法/好奇的审美体验（奇异味）/恐惧的审美体验（恐怖味）/平静味/胜财与新护论平静味/《舞论》的文本/《舞论注》的证据/文本基础上对平静味的批驳/对其的批判/对平静味文本独立性的反对/以婆罗多间接证据为基础的反对/对其的批判/对平静味反对与支持的模棱两可/新护之前对其的批判/对以上的批判/婆罗多对平静味的间接说明/厌恶作为平静味的常情/对其的批判/厌倦的哲学解释及其与自我实现的关系/至福或更高的厌倦/正理论中厌恶和自我实现的关系/胜财论厌恶作为平静味的常情/八种常情任一都可作为平静味的常情/八种常情共同作为平静味的常情/与新护平静味观点的些微不同/胜财论静作为平静味的常情/静隐蔽性的补充理由/平静味是基于"定"的观点/新护的平静味理论/生活实践中的平静味/平静味的英雄/自我作为平静味的常情/自我认知为什么被单独提出？/为什么婆罗多用"sama"而不是用

"Tattavajnana"？/平静味的其他构成/平静味语境下的其他常情/《蛇经》对味的讨论/手稿的权威性/平静味审美体验的本质/味的两种类型/主要味与从属味/一种味唤起另外一种味/审美体验的同一本质趋势

## 第五章　新护的意义理论

语言与美学构造/韵的历史/最初诗歌创作中存在的暗示义/精神意义发现的可信时间/语言或韵的精神意义的主要拥护者/韵论被接受前的意义理论/韵的说明/转示义可以解释听众听到讨论中的积极陈述后得到的消极意义吗/反对者立场的缺失/对暗示义理论反对者立场的综述/暗示义理论反对者的观点简述/韵论反对者的论据/拥护者进行解释的立场/韵的多样含义及起源/新护的诗歌概念/转示义解释的地位/转示义的地位批评/过程分析/另一种转示概念及对其的批评/转示义作为韵的替代/转示义的批评/转示义批评简述/普罗帕杰罗（Prabhakaras）的 anvitabhidhana 理论/对 anvitabhidhanavada 的批评/承认一种意义唤起另一种意义过程中意识工具的必要性/跋吒·那耶迦对暗示义之意识的解释及批判/韵与修辞格的区别/点明言简意赅味定义/庄严与味韵的区别范围/修辞与审美表现/暗示义分类的心理学基础/暗示义的分类，依据暗示的手段/暗示性诗歌与无暗示性诗歌的区别/暗示性诗歌与修饰性诗歌的区别/韵论图表

## 第六章　摩西摩跋吒对韵论的批评和回应

韵作为一个有争议的问题/摩西摩跋吒简介/该书的目的/他对韵论的态度/摩西摩跋吒的克什米尔湿婆教倾向/他的美学理论/诗性展示的魅力/他对于味是常情的反映的理念/他对于客体逆反美学推理理论的回答/他对 srisankuka 的推进/他的惊奇概念/意义理论的背景/摩西摩跋吒对意义理论的态度/他关于词语的划分/他对功能是名词用于客体的基础的观点的引用和否定/他对意义的划分/anumeyartha/他在对跋吒·特洛扎的批判中对天赋的定义/他对 gamyagamakabhava 的定义/欢增的主要观点/他对于韵论理论的批评/他否认词具有表示义之外的意义/德瓦尼瓦丁（Dhvanivadin）的立场解释/韵论文学定义的缺陷/德瓦尼瓦丁的立场解释/他在韵的定义中对意义一词的批评/德瓦尼瓦丁的立场解释/定义中包含命名的必要性/德瓦尼瓦丁的立场解释/他对不协调的解释/他对恭

多迦曲语论的批判/他对一些韵的种类的批评与反对/他对本事韵与庄严韵的批评/他对将文学从韵论和 gunibhuta vyangya 中区分出来的批评/鲁耶迦（Ruyyaka）

## 第七章　梵语戏剧的技巧

审美客体/剧作家呈现的是什么？/不一致/梵语戏剧中的表演/戏剧化与戏剧天赋的规定/戏剧化的方法/戏剧所呈现的与未呈现的/时间、地点和表演的和谐/英语戏剧和梵语戏剧对表演和情感的不同重视程度/对主要情节的分析/梵语文学中悲剧的缺位/演出分为五步的概念/开始/努力/努力场景/希望/希望场景/肯定/成功/成功的手段/种子及其心理必要性/对动力的回忆/主要情节/次要情节/资源/梵语戏剧中的幕/种子的出现/种子的打开/下降/联结/完成/sandhyanga 的定义/sandhyanga 的通常目的/戏剧性视角下 sandhyanga 的目的/sandhyanga 使用中的自由

## 第八章　戏剧要点

戏剧的两种主要类型/每个表演的持续/samavakara 的意义/逃走、欺骗和爱的三种类型/萨马瓦卡拉中优雅表演的缺席/不同类型戏剧中味的呈现

## 第九章　梵语戏剧表现的本质

vrtti 的意义/诗歌作品中的表演/戏剧化表演与日常生活的区别/不同形式的表演的起源/味的呈现中不同形式的表演的使用/表演形式的种类的不同观点/优婆陀所承认的意识的结果作为表演的一种形式/对其的批判/优婆陀追随者对于表演的形式的看法/新护的批判/波阐对 vrtti 种类的看法/不同 vrtti 使用方式的不同观点/不同类型戏剧中的不同表演方式/地方惯例/vrtti 与地方风格的关系/表演/表演中个人的转变/表演的四种类型/对舞台上呈现死亡的不同观点/永远不能表现英雄之死/舞台上角色数量的限制/露天和剧院中的戏剧表演

## 第十章　诗歌中的美学趋势

戏剧性与诗性体验的区别/婆摩诃/婆摩诃的诗歌理念/他关于诗性体验的概念/婆摩诃的三德理念/婆摩诃眼中的诗歌品质/婆摩诃在曲语论上对婆罗多的承继/转示与修饰的区别/转示的定义/婆罗多与婆摩诃的不同/曲语论的其他概念/其少量的探讨/檀丁的诗歌概念/诗歌特性之观点的不同/伐摩那的诗歌理念/伐摩那的贡献/优

婆吒的地位

## 第十一章　音乐艺术

音乐与诗歌/音乐艺术的历史与演变/娑摩吠陀音乐学派/库图名（Kauthuma）学派的文本/娑摩吠陀文本的关联年表/库图名传统的音节定位在娑摩吠陀中的迹象/单音调/音乐旋律与诗歌旋律/乌迦塔（Udgata）所介绍的唱诵的转变/说话与吟诵吠陀语言的关系/娑摩吠陀旋律化/音调数量的演变/《乾达婆吠陀》，《娑摩吠陀》的附属吠陀/梵书影响下音乐的发展/经典时代娑摩吠陀音乐的进展/固定间距/《波尼尼经》中的七个注解/欢喜天对七种注解及三种音调的解释/《娑摩吠陀》与古典注解之区别的消失/《娑摩吠陀》与古典音乐/婆罗多之前的古典音乐作家/婆罗多及其同时代的人/婆罗多知道拉格斯吗？/婆罗多的继承者/优波罗卡利亚（Utpalacarya）/婆罗多之后独撰音乐作品的作家/新护/胜天（Jayadeva）/沙楞伽提婆（Sarngadeva），《乐海》的作者/穆罕默德对印度音乐的影响/戈帕拉·那亚卡（Gopala Nayaka）/对《乐海》的评论/洛卡纳·卡维（Locana Kavi）/罗摩马提亚（Rmamatya）/瓜瓦里尔（Gwaliar）音乐学派/阿克巴（Akbar）统治时期的音乐/贾汉吉尔（Jehangir）统治时期的音乐/奥朗则布（Aurangzeb）对音乐的镇压/《乐海注》/印度音乐北方学派与南方学派的兴起/梅拉体系对北印度音乐的影响

## 第十二章　音乐哲学

《歌者奥义书》中对音乐精神价值的称赞/新护的音乐哲学/音乐审美体验中对欢愉的超凡体验/音乐注解的形而上学来源/妓女（Psayanti）与音乐注解/音乐体验中对祈祷声音的识别/乐器和中道论引发的注解/观、中道和俗语微小而超凡的形式/音乐迷人本质在于音符的和谐统一/瑜伽与音乐论著/音乐旋律的重要性/精神专注于祈祷作为解脱的手段/打击祈祷作为解脱的手段/众天（Sangadeva）的音乐艺术/纳格沙跋吒（Nagesa Bhatta）论音乐注解的起源/悉檀湿婆教二元论的音乐哲学/鼓点与祈祷

## 第十三章　建筑艺术

风水学的含义/风水论的预设/文学资源中的建筑学信息/建筑学的非工艺参照/建筑学技术信息的资源/绘画/雕塑/建筑学论著日期的不确定性/印度文化传播与建筑传统/木材，人类最早的居住建

造材料/建筑与居民的关系/风格作为建筑物分类的基础/印度建筑
分类的另一个依据/风格与神庙的关系/和谐作为不同柱子的分类
的原则依据/大量存在的建筑物/作为艺术附属品的雕塑和绘画/建
筑学哲学/建筑的审美体验/印度关于优良艺术的哲学

作为世界三大美学体系之一，印度美学拥有悠久的传统和丰富的理论体系。20 世纪以来，印度学者致力梳理印度美学思想，并借用西方美学的框架对印度美学进行现代化阐释，有不少佳作问世。K. C. 潘迪（Kanti Chandra Pandey）的两卷本《比较美学》（*Comparative Aesthetics*）于 1953 年出版、1959 年再版，是其中令人瞩目的高峰，其第二卷《西方美学》被誉为比肩鲍桑葵《美学史》和吉尔伯特《美学史》之后第三部西方美学史学术著作，其第一卷《印度美学》对印度美学介绍之翔实，此前此后的作品皆难出其右。

在印度美学语境中，"美学"是指"优良艺术的科学与哲学"（science and philosophy of fine art），而所谓"优良艺术"是指"对绝对存在加以情感化处理，通过审美联系而无功利地将观众引导向对绝对存在的体验之中的艺术"[①]。《印度美学》仅将建筑、音乐、诗歌视为优良艺术并进行理论研究，由此归纳出印度美学的三个派别即诗歌艺术（Rasa-Brahma Vāda）、音乐艺术（Nāda-Brahma Vāda）和建筑艺术（Vāstu-Brahma Vāda）。潘迪分析指出，印度美学拥有深厚的语言学和宗教哲学渊源，"是在语法哲学和克什米尔湿婆教一元论哲学基础上发展出来的。……我们只有承认它们（三种美学流派）是绝对存在的具体化或粗糙化，才能得到关于优良艺术的哲学"[②]。换言之，在印度美学的语境中，绝对存在统摄着艺术成为艺术的原因，并在艺术作品中不同程度地显现。面对绝对存在具体化或客体化程度越高的艺术形式，人们越能障碍较少地体验到绝对存在，这种形式的艺术等级则就越高。在三种美学流派中，诗歌艺术的"言"与"义"的关系最为割裂。潘迪援引伐致诃利（Bhartṛhari）的观点，指出意义是词语被诵读出来时升起的感觉，词语一经诵读，其存在立刻就被遗忘，如同银色的宝匣之于珍珠、明亮的光线之于太阳。"诗歌的文字的全部价值是通过被诵读而作为精神理性的媒介，文字是理想的符号，其本身并没有任何意义。……它不会像音乐体验中的音调一样在

---

① K. C. Pandey, *Comparative Aesthetics* Vol. 1 *Indian Aesthetics*, 2nd ed. Varanasi: Chowkhamba Sanskrit Series Office, 1959, p. 1.

② K. C. Pandey, *Comparative Aesthetics* Vol. 1 *Indian Aesthetics*, 2nd ed. Varanasi: Chowkhamba Sanskrit Series Office, 1959, pp. 613—615.

诗歌体验中激起客观的对象。在诗歌体验中是完全的思考、感受、情绪，等等，审美对象完全消弭，鉴赏家们完全沉浸在想象的、情感的和通畅 (Katharic) 的境界中。"① 而音乐体验中则会有共时的音调干扰这种审美体验，建筑物中石头、泥土、砖块等作为审美媒介的物体则会更加持久地留存。因此，诗歌是全部艺术中地位最高的，音乐次之，建筑最低。在各种诗歌类型中，戏剧的地位是最高的，因此，印度的美学理论主要是关于戏剧的理论，戏剧理论又主要分为以约定戏剧书写和演员表演的表现理论和研究观众审美心理进程的审美愉悦理论两个方面。

《印度美学》全书共分十三章，第一至十章论述戏剧艺术，第十一和十二章论述音乐艺术，第十三章论述建筑艺术。在戏剧艺术中，潘迪以婆罗多的《舞论》、新护的《舞论注》和摩西摩跋吒的《韵辩》为中心，详细论述了情味论和韵论的宗教和哲学基础、理论流变及美学特征，同时也涉及梵语戏剧的技巧和表现。在音乐艺术领域，梳理了从《娑摩吠陀》《百道梵书》到《乐海》的音乐哲学源流。在建筑艺术领域，则提到建筑形式的古今流变及其审美价值。

印度美学的理论发展自具特色，往往以整体研究为主，且历代美学家的研究又往往以前人研究为基础，相互间具有明显的承继性，"每篇后来的论文都在其审美创造性中大量地接受了前面论文的权威性，结果使新的东西自动地与旧的思想体系相统一"②。潘迪在论述时重视表现出这种承继关系，例如在讨论戏剧艺术和味论美学时以婆罗多为上限、以新护为下限，其间涉及跋吒·洛罗吒、商古迦、跋吒·那耶迦、薄婆菩提、波阇等多位美学理论家的理论，不同理论家之间并非割裂或悬置关系，而是相互联系和继承。例如，在述及味论美学理论发展时，指出跋吒·洛罗吒在婆罗多味论基础上，进一步追问"味在哪里"或"味如何存在"，并基于实践观点提出，原初的味存在于舞台上呈现的历史人物身上，其后才在扮演该历史人物的演员身上表现出来。商古迦则更注重阐释审美体验如何从审美对象间出现的方法问题。跋吒·那耶迦反对戏剧表演将唤起观众自身类似的情绪，认为该认知过程不是审美体验。新护则在批判继承以上四者的基础上提出自己的观点，成为味论美学的集大成者。在论述味的类型时，对于围绕着晚出的"平静味"的一系列问题，如"对平静味最初的规定是什么?""平静味的常情是什么，是厌恶

---

① K. C. Pandey, *Comparative Aesthetics* Vol. 1 *Indian Aesthetics*, 2nd ed. Varanasi: Chowkhamba Sanskrit Series Office, 1959, pp. 613−615.

② 帕德玛·苏蒂：《印度美学理论》，欧建平译，中国人民大学出版社，1992 年，第 29 页。

（忧郁），还是八种常情？"潘迪都首先回溯到《舞论》中寻找解释。

值得一提的是，潘迪认为商古迦是印度美学史上第一个指出审美过程中的客体与观众意识中的审美表现的区别，并对后者进行了详细解释的理论家。[①] 商古迦提出，审美体验是为了审美对象的客观感知，这一理论与西方美学家的观点相似。综合来看，潘迪认为商古迦是印度美学的开创者。

## 二、P. J. 乔杜里《美学研究》[②]

### 目 录

1964 年印度加尔各答大学艺术学院哲学系教授 P. J. 乔杜里（Prabas Jivan Chaudhury）的遗稿整理为《美学研究》（*Studies in Aesthetics*）出版是现代印度美学发展进程中的里程碑事件，这些手稿是首次从印度美学的角度对美的本质、美的对象、美的功能等问题进行探讨的有益尝试。

《美学研究》共收录了十篇论文，探讨的问题十分丰富。《科学、艺术与宗教》从印度传统美学思想出发，提出与现代西方美学截然相对的观点，认为宗教是认知终极问题的唯一出路，而艺术和科学仅能通过不同的方式对达成宗教认知提供助力。《美学形而上学》延续第一篇的观点，提出印度美学传

---

① K. C. Pandey, *Comparative Aesthetics* Vol. 1 *Indian Aesthetics*, 2nd ed. Varanasi: Chowkhamba Sanskrit Series Office, 1959, p. 48.

② P. J. Chaudhury, *Studies in Aesthetics*. Calcutta: Rabindra Bharati, 1964.

统中与西方"形而上学美学"完全不同的"美学形而上学"，指出印度美学传统观点认为个体在对美的体验中理解真实或真理，而西方则是基于对现实或真理的理解来观照审美体验。《艺术对象与享受》试图调和印西美学中的一些对立概念，如艺术是象征的/表现的、情感的/智力的、实践的/灵感的、个人的/非个人的，等等，对艺术重新下定义，提出"艺术是意识自我欺骗"[1] 的观点。《美学真实的问题》则探讨了艺术在何种意义上具有真实性的问题，认为艺术作品只有唤起了主体的情感体验、包含对人类普遍本质的经验才是真实的，而与对实际社会现实的再现程度不甚相关。《剧院中发生的事》从演员与角色关系的角度讨论了审美体验被布景、妆容、表演等因素唤起并与日常生活体验相区别的过程。《济慈的美学理论》从济慈的作品出发对美学理论进行总结，探讨了美与真、美与善、自然之美与艺术之美、美的本质、艺术的功能、诗歌天赋等问题。《味的理论》在介绍印度传统味论美学的同时，将其与西方经院哲学，黑格尔、克罗齐等的美学观点进行了比较。《印度美学中的宣泄》指出亚里士多德宣泄理论和其所称的悲剧净化功能仅仅是暂时的，在离开剧场或者重复观看表演时，该效果会大大弱化，该文从味论美学的角度论述了印度美学中的"宣泄"概念。《印度诗学》一篇介绍印度诗学，涉及对文学的定义，审美愉悦的本质，诗歌价值，印度诗学中的特殊概念如暗示、常情与不定情等。《诗歌理论概况》一篇引用印西诗歌作品论述诗歌的情感功能、模仿功能、道德功能及其客观性与普遍性等问题。

乔杜里是立足民族立场对待美学问题并开展研究的。《印度诗学》一篇中乔杜里怀着极大的热忱和自觉向西方介绍印度古典诗学，开篇即指出其文目的在于"向西方读者介绍印度诗学，首先选择诗学中的某些普遍性问题，从印度诗学中找到解释并指出其与西方思想的相似支持。其次，指出印度诗学中特有的某些特征"[2]。印度诗学与美学关系密切。宗教在印度文化中占比重极大，印度宗教哲学的本体论和认识论是乔杜里看待美学问题的出发点和立足点。乔杜里承认西方自中世纪以来科学技术对文化以及世界认知方式的颠覆作用，承认当代世界文化是科学的、人文主义的，但仍然秉持着浓重的宗教情感，为宗教辩护。他认为，科学永远无法为一些终极问题，如灵魂的起源与本质等形而上学问题提供解释。因此，乔杜里针锋相对地提出了与西方美学思想完全相反的"美学形而上学"和"科学与艺术附属于宗教目的"的

① P. J. Chaudhury, *Studies in Aesthetics*. Calcutta: Rabindra Bharati, 1964, p. 37.

② P. J. Chaudhury, *Studies in Aesthetics*. Calcutta: Rabindra Bharati, 1964, p. 200.

观点。并且，在字里行间，他流露出怀古伤感的情绪，感慨"中世纪的人本质上是形而上学的（精神性的），而他的继任者（科学）则是自然主义的"[1]。

乔杜里对印度美学和西方美学都持批评的态度。站在民族立场，乔杜里对西方美学思想无疑是持批评态度的。他在《美学研究》中旁征博引，大量列举了西方思想家如柏拉图、亚里士多德、叔本华、黑格尔、席勒、克罗齐等，文学家如莎士比亚、济慈、狄更斯、乔伊斯等的美学观点，但他并不是全盘接受，而是以西方的美学观念为基础，指出印度美学对相似问题的特殊解释。例如，在《美学形而上学》一篇中，他借柏拉图的艺术真实观和叔本华的"音乐是最高的真实"的观点，提出"当柏拉图等经院哲学家们将艺术活动视为理性的盛宴时，印度的美学家们却视之为知觉（feeling）的盛宴"[2]。对印度美学进行介绍时，乔杜里同样持批评的态度。《味的理论》一篇除介绍印度味论内涵外，还梳理了西方情绪/情感理论从亚里士多德到黑格尔、克罗齐、鲍桑葵等的发展史，两相比较后指出："味论诚然提供了理解诗歌的有用钥匙"，与西方相比，该理论具有部分相似，但也存在一定的差异；面对差异，印度美学应该"以开放的心态，依据现代心理学的理论继续进行研究"，这"终将有助于完善诗歌理论"。[3]

乔杜里从印西美学互鉴的角度，对美学基本问题提出了许多新的看法。总体来看，乔杜里在该书中的美学研究是以文学为主的。如前文所述，印度传统美学观念认为在各种艺术形式中诗歌地位最高，乔杜里也认为美的特征是喜悦的感受在观众中的"产生"或"生成"，而诗歌通过超俗的刺激产生的"味"完全可以等价于这种"喜悦"，因此，美的理论即诗的理论。

## 三、S. K. 萨克西纳《美学：概念、方法和问题》[4]

### ■ 目 录

当下美学

一些基本概念及其区别

---

① P. J. Chaudhury, *Studies in Aesthetics*. Calcutta: Rabindra Bharati, 1964, p. 2.

② P. J. Chaudhury, *Studies in Aesthetics*. Calcutta: Rabindra Bharati, 1964, pp. 21—22.

③ P. J. Chaudhury, *Studies in Aesthetics*. Calcutta: Rabindra Bharati, 1964, p. 175.

④ S. K. Saxena, *Aesthetics: Approaches, Concepts and Problems*. Delhi: Sangeet Natak Akademi and D. K. Printworld Ltd., 2010.

审美态度、审美体验与主要观点

艺术及其联动：意义、真理与现实

艺术的理论

味的理论：其意义和相关性

S. K. 萨克西纳（Sushil Kumar Saxena）是印度德里大学教授，早年致力布拉德利形而上学研究，后来转向艺术哲学，在印度中世纪莫卧儿王朝宫廷印度斯坦音乐和卡塔克（Kathak）舞蹈研究方面成就斐然。他 2010 年出版的《美学：概念、方法和问题》（*Aesthetics：Approaches，Concepts and Problems*）① 被 A. C. 苏克拉评为"（印度）最优秀的美学家四十年来以其深厚的奉献精神和天才洞察力在该领域做出的可敬努力"②。

该书共分为六章，从现代主义美学的角度审视了从 17 世纪德国哲学家亚历山大·鲍姆嘉登（Alexander Baumgarten）到 20 世纪现代主义美学知识领域的发展情况，并且就艺术的范围、特征以及美学领域一些基本概念如"崇高""美"等进行了辨析。借用当代西方现象学的概念术语，萨克西纳对印度古典美学家关于审美态度、体验的观点进行了梳理，强调语境对审美态度与审美体验的重要影响，进而对印度古典美学中关于味的审美理论等问题进行了阐释，从现象学的角度解释了体验味的审美过程。萨克西纳也对艺术的理论及其与意义、真理、现实的关系等问题进行了论述。

与潘迪不同，萨克西纳指出印度传统以 Saundarya Śāstra 来指称美学，意为"对美的系统研究"（the systematic study of beauty）。印西美学皆从对美的研究开始，鲍姆嘉登从词源学角度认为美学即感性知觉（sensuous perception），指出该知觉具有不亚于人们认识真理时所运用的理性之重要性的认知价值。进入现代以来，美学理论的讨论中心转移到以形式、表达或符号等概念为中心的对艺术理论的分析，以戈雅和毕加索的表现主义作品为例，两者的作品不能提供普通意义上美的感觉，但都被视为伟大的作品。萨克西纳认为美学进入现代以来不再以"美"而是以"艺术性"作为主要对象，"美学"作为一个术语被认为是哲学的分支，用来指代艺术理论和 18、19 世纪从美的理论中体现的审美理论，考察艺术的本质和我们对艺术和自然环境之体

① S. K. Saxena, *Aesthetics: Approaches，Concepts and Problems*. Delhi：Sangeet Natak Akademi and D. K. Printworld Ltd. , 2010.

② A. C. Sukla, "Aesthetics：Approaches，Concepts and Problems", *Journal of Comparative Literature and Aesthetics*，2013，36（1/2）：172.

验的特征。萨克西纳更多地从艺术哲学的角度认识美学，但他并不将研究局限于西方艺术和西方美学思维模式。印度传统中虽然没有关于所有艺术的统一理论，但在戏剧、舞蹈和诗歌等具体门类拥有丰富的理论文献，萨克西纳也积极从印度传统艺术形式和艺术理论中汲取养分，创造性地扩展味论美学批评的范围，将味的理论用于对印度现代音乐、舞蹈和诗歌的分析。

萨克西纳对现代主义美学中艺术哲学概念及诸多相关问题的阐述十分清晰和独到，但从整体美学史的角度分析，该论著也存在视野的局限，其对美学理论史的梳理研究以鲍姆嘉登为上限，以 20 世纪 80 年代美学资料为下限，既缺少对西方和印度古典美学思想的追溯，也忽略了近三四十年来美学理论的新趋势，对于环境美学、生态美学等领域的发展都没有关注。

# 两类伊斯兰美学原理著作

四川外国语大学英语学院　伍凌/译评
沙特阿拉伯阿卜杜勒·阿齐兹国王公共图书馆
北京大学分馆　杜艳爱/翻译
北京大学东方文学研究中心、北京大学外国语学院
阿拉伯语系　林丰民/校对

**摘　要**：目标读者不同决定了写作目的不同，进而体现为写作内容的不同。阿拉伯语伊斯兰美学著作的目标读者是本土学者，其主要内容是介绍西方美学思想，通过将西方美学理念系统地引入伊斯兰世界，建立伊斯兰本土美学体系。而英语伊斯兰美学著作的目标读者是西方读者，主要内容则是向西方介绍伊斯兰美学的独特性，既有百科全书式的介绍，也有追求见微知著的个例分析。

**关键词**：目标读者；阿拉伯语伊斯兰美学著作；英语伊斯兰美学著作

美是普遍存在的，各个时期、不同文明中都有学者阐述自己对美的看法。各个文明自古都有美学思想，但从现代学科角度研究美学，则又呈现出不同的发展轨迹。作为现代意义上的学科，美学不过数百年历史，西方美学从"美学之父"鲍姆嘉登算起，也不到五百年时间。对于伊斯兰世界来说，现代美学体系的建立则更晚一些。我们梳理了五种影响较大的伊斯兰美学著作，包括三种阿拉伯语著作和两种英语著作。通过梳理不难发现，阿拉伯语美学著作是向伊斯兰世界介绍西方美学概念，而英语美学著作则是向西方介绍伊斯兰艺术的特点。这种写作目标的差异具体体现在两个方面：视角不同、思路不同。

其一，本土与他者的视角差异。视角不同体现在阿拉伯语美学著作采取的是渴望建立自己美学体系的本土视角，而英语著作却体现出明显的他者视

角，以旁观者的角度看待伊斯兰美学的独特性。三种伊斯兰本土美学著作有着明显的传承脉络，反映了伊斯兰美学发展的三个阶段，即从传播西方美学概念到建立本土的美学原理体系，再到通过比较视野完成本土体系的完善和内容的充实。而两种关于伊斯兰美学的英语著作则采取旁观者的视角，其中关于美学基本理念的探讨甚少，更多笔墨聚焦于伊斯兰艺术的个案研究，讨论伊斯兰艺术在特定领域的美学特质，归纳伊斯兰美学的独特性。这些关于伊斯兰艺术个案研究的论述其实是在向西方读者普及有关伊斯兰艺术的常识。

其二，两种不同的创作思路："融会贯通""见微知著"。阿拉伯语美学著作遵循的是"融会贯通"的发展思路，首先探讨西方美学的所有重要理念，甚至专章逐一介绍西方著名学者的美学思想，然后再与伊斯兰艺术结合起来，凸显自身的独特性。而英语伊斯兰美学著作的潜在读者更多是西方人，因此没有花多大篇幅介绍西方美学基本理念，反而更多聚焦于伊斯兰艺术在特定领域的美学特征，也就是说，个案研究才是探讨的焦点。不难看出，阿拉伯语美学著作是想套用西方美学体系，或者说用西方美学体系模具，铸造出本土的美学体系。相比之下，英语著作并不关注伊斯兰美学的体系性，而是希望通过审视伊斯兰艺术特定领域的美学特征，从局部推导整体，彰显伊斯兰艺术的独特性。

其实，无论是视角的不同，还是写作思路的不同，都可以理解为写作目的不同。阿拉伯语伊斯兰美学著作想通过介绍西方美学理念，建立自己的美学体系，而英语伊斯兰美学著作则是向西方介绍伊斯兰艺术。追根究底，这种差异还是目标读者的不同。阿拉伯语著作显然面对的是伊斯兰世界的学者，他们迫切希望了解西方美学的基本概念，先套用西方美学体系建立自己的体系雏形，再通过深入研究修正这些体系，从而真正建立独特的伊斯兰美学。而英语著作面对的是多少带有猎奇心态的西方读者，他们不关心伊斯兰美学是否有自己的体系，而是更关心伊斯兰艺术与西方艺术的不同。当然，如果西方读者能够通过这些个案研究窥探出伊斯兰美学体系的独特性，那"见微知著"的效果也算达成了。

## 一、阿拉伯语伊斯兰美学著作选评*

（一）西方美学的传播：穆贾希德·阿卜杜·蒙伊姆·穆贾希德《当代哲学之美学》①

### 目 录

致　谢

第三版序

第二版序

第一版序

存在主义美学

存在主义美学哲学还剩什么

马克思主义美学哲学还剩什么

乔治·卢卡奇的美学之旅

海德格尔的美学之旅

表现主义及其对人类的立场

（附：美学研究）

柏拉图的艺术观

塔哈·侯赛因的美学观

黑格尔的美学之旅

穆贾希德·阿卜杜·蒙伊姆·穆贾希德的《当代哲学之美学》于1986年由贝鲁特的图书世界出版社第三次出版。该书出版社较早，其内容主要是向伊斯兰世界传播"西方美学"这个概念，而非从美学角度来解读伊斯兰艺术。该书主要介绍了存在主义和表现主义美学，其次是介绍一些著名欧洲哲学家的美学理念，比如马克思、卢卡奇、海德格尔、柏拉图、黑格尔的美学。书中有一章专门讨论阿拉伯文学泰斗塔哈·侯赛因的美学观，这也是该书唯一与伊斯兰世界联系紧密的章节。从某种程度来说，倘若没有关于塔哈·侯赛

---

\* 该部分中的阿拉伯语伊斯兰美学原理著作目录由杜艳爱翻译、林丰民校对。

① طه بيروت، الكتب، عالم ال معطرة ،ال فلسفة في ال جمال علم مجاهد،ال منعم عبد مجاهد، 3، 1986.

因的这一章，这本书与西方世界的美学启蒙读物就并无二致。1986 年版《当代哲学之美》已经是该书的第三个版本了，其受欢迎程度可见一斑。这本著作当之无愧是伊斯兰世界的美学启蒙读物。

（二）本土美学体系的建立：加齐·哈利迪《美学：音乐、舞台与造型艺术的理论与实践》[①]

## 目　录

---

[①] ال معهد ال تشكيلية، وال فنون وال مسرح ال موسيقا في وتطبيق نظري ة:ال جمال علم ال خالدي،غازي
ال عالي لفنون ال، المسرحية ال دمشق، 1999.

应用艺术

动态艺术

听觉（抽象）艺术

集成艺术

艺术家与艺术品

艺术品及其元素

艺术品创作来源

艺术品包括什么

列宁美学的客观性

　　该书于 1999 年由大马士革的高等戏剧艺术学院出版。这本书的书名有点欺骗性，读者很容易认为该书的内容主要是深入探讨音乐、舞台、造型艺术这三个领域，而事实上，就其内容而言，该书应当算作伊斯兰世界的美学原理教材。前面几篇简要介绍了美学的基本理念，论述了美的主客之争和亚里士多德的美学观，紧接着就讨论伊斯兰的美学理念，然后过渡到伊斯兰世界对于一些美学基本概念的理解，再深入具体艺术领域展开讨论。可以说，这本著作真正将西方美学概念与伊斯兰艺术结合起来，完成了从传播西方美学到树立本土美学理念的过渡。

　　（三）本土美学的充实：哈莱·麦哈朱布·哈道尔《美学及其问题》[①]

**目　录**

前　言

第一章　美学与其他学科的关系

　第一节　美学的定义与标准

　　1. 美的定义

　　2. 一些民族的美学标准

　　（1）西方的美

　　（2）印度的美

① الإسكندرية، والنشر، الطباعة لدذيا الوفاء دار وقضاياه، مالالج علم ضر،محجوب هالة
2006.

157

（4）未来主义

（5）表现主义

（6）抽象主义

第三章　艺术创造力问题及其对哲学思想的影响

第一节　艺术创造力的社会解读

1. 艺术创造力的定义

2. 创意艺术品的条件

3. 创作者的个人特征

4. 环境与创造力

5. 艺术创造力的发生与发展

6. 伍德沃斯艺术创作过程

7. 吉尔福德艺术创作过程

8. 社会多么需要艺术家

9. 创意艺术家的立场直面社会问题

10. 灵动的自然之美是艺术家的灵感来源

11. 自由对艺术创造力的影响

第二节　艺术家的义务与艺术作品的形式和内容之间的关系

1. 义务问题

2. 形式和内容问题

第三节　民间（民俗）艺术的社会解读

1. 民俗的定义

2. 民间文学的种类

（1）马瓦勒轮旋曲

（2）民间歌曲

（3）扎札勒俚谣

（4）杜比特双行诗

参考书目

艺术图片选


　　该书于 2006 年由埃及的沃法出版社出版。如果说前面两本著作更多关注的是美学的基本问题，建立了伊斯兰美学的框架，那么这本书则是从比较视野出发，在三个方面进行了对比，完成了对伊斯兰美学内容的充实。该书首先比较了各个文明对美的不同看法，进而又讨论了美学与其他学科的联系。可以看出，作者试图从两个方面论证美学的学科合法性：美具有普适性，美学与其他学科联系紧密。该书的第二个对比是通过梳理艺术的发展史来突出伊斯兰艺术的独特性。最后一个对比首先探讨艺术创造力及其对哲学思想的影响，论述了艺术创造的过程和理念，其次关注的焦点则是伊斯兰独特的民俗和民间文学。

## 二、英语伊斯兰美学原理著作选评

（一）西方读者的伊斯兰艺术指南：奥利弗·利曼《伊斯兰美学导论》[①]

### 目　录

绪　论

1. 关于伊斯兰艺术的 11 个常见误解
2. 真主乃造物主以及书法和象征艺术的起源
3. 宗教、风格和艺术
4. 文学
5. 音乐
6. 家庭和花园
7. 《古兰经》的神奇之处
8. 哲学和观看之道
9. 阐释艺术，阐释伊斯兰教，阐释哲学

奥利弗·利曼的《伊斯兰美学导论》于 2004 年由爱丁堡大学出版社出版。该书可看作向西方世界介绍伊斯兰艺术的百科全书。书的内容不仅涉及伊斯兰艺术的方方面面，且由浅入深，从宗教和哲学层面讨论了伊斯兰美学的根基。该书的第一章是关于伊斯兰艺术的 11 个常见误解，似乎是开宗明义，表明本书的写作目的就是向西方读者普及伊斯兰美学知识。接下来的章节分别介绍了伊斯兰艺术的具体领域，比如书法、文学、音乐、园林设计等。这些讨论虽然领域不同，但始终围绕伊斯兰艺术起源于宗教这个核心思想。最后，上升到哲学

---

[①] Oliver Leaman, *Islamic Aesthetics: An Introduction*. Edinburgh：Edinburgh University Press，2004.

层面，试图从看待世界的视角差异来阐释伊斯兰艺术的独特性。

（二）西班牙阿尔罕布拉宫导游手册：瓦莱丽·冈萨雷斯《美与伊斯兰教：伊斯兰艺术与建筑中的美学》①

### 目　录

瓦莱丽·冈萨雷斯的《美与伊斯兰教：伊斯兰艺术与建筑中的美学》于2001 年由伦敦 I. B. Tauris Publishers 出版。该书一开始试图从传统和宗教的角度解读伊斯兰艺术的根源，接下来笔锋一转，论述焦点就变成了世界闻名的景点阿尔罕布拉宫。中世纪时，摩尔人曾在西班牙建立格拉纳达埃米尔国，阿尔罕布拉宫就是当时的王宫，也是今天西班牙最著名的景点。该宫殿的造型、图案、铭文都称得上是伊斯兰艺术的瑰宝。毫不夸张地说，阿尔罕布拉宫集中体现了伊斯兰艺术在各个领域的独特魅力。作者试图从宗教和传统中寻找根源，再通过对造型、图案、铭文等艺术领域的解读，以自内而外的方式向读者呈现伊斯兰艺术的宏大叙事方式。该书因为内容都围绕阿尔罕布拉宫展开，所以可以看作该景点的导游手册。当然，这完全没有贬低之意，就好比一本内容充实的故宫导游指南，同样也可充当中国传统文化指南。

---

① Valerie Gonzalez, *Beauty and Islam: Aesthetics in Islamic Art and Architecture*. London, New York: I. B. Tauris Publishers, 2001.

# 水景审美的哲理与诗境

中国社会科学院哲学研究所　　王柯平

　　摘　要：海德格尔对待山水景观的态度，关乎"无家园感"与"忘却存在"的本体论哲学思考。与此相关的"隐秘溪流"和"井喻"，在内在逻辑关系上暗含老子的尚水意识。不同的是，从老子标举的"上善若水"说中，可以引申出朴素的能量或行动辩证法。由此联想到孔子的乐水情怀，则可从中归结出人格化的美德象征论。在中国传统中，水景审美在人类精神生活中具有重要作用，在山水诗词和游记的诗化哲理与哲理化诗境中表现突出。根据水景诗境的各自特征或审美属性，至少可以划分出秀美型、壮美型和乐感型三种风格。

　　关键词：隐秘溪流；尚水意识；乐水情怀；秀美型水景；壮美型水景；乐感型水景

　　在论述思维方式与哲学目的时，深受柏拉图影响的怀特海断言："哲学与诗相似，二者都力求表达我们称之为文明的最高理智"与"终极良知，其所涉及的都是形成字句的直接意义以外的东西。诗与韵律联姻，哲学则与数学结盟"。[①]所谓"最高理智"，指向认识论领域与人的认识能力；所谓"终极良知"，指向伦理学领域与人的德行境界。由此，便把哲学与诗的相似性提升到左右人类理智层次及其道德良知的高度。所谓"直接意义以外的东西"，想必是指隐含寓意、象征意义或言外之意。这不仅关乎哲学旨在传达的哲理，也关乎诗歌所要表现的诗境。当其指向人类文明的"最高理智"或"终极良知"时，必然会彰显出哲学与诗的内在关联性。至于哲学与诗的区别，怀特海基于表达与理解的重要性，特意将诗与韵律联姻，将哲学与数学结盟。在我看

---

　　① 怀特海：《思维方式》，刘放桐译，商务印书馆，2004 年，第 1152 页。

来，诗与韵律联姻主要构成诗的体式与乐感，但对言志缘情的诗而言，更为关键的则是其所表现的诗境，尤其是哲理化的诗境，这涉及情思、意趣、想象、灵感、形象或审美直观，等等。至于源自惊异的哲学，凸显的是卓异沉奥和发人深省的哲理，其在古典时期更多凸显的是诗化的哲理。故此，哲学在爱智求真储善的过程中，除了倚重逻辑实证的数学之辅助作用外，确然离不开诘问、反思、辩证、神秘玄想与理智直观，等等。

在中国传统中，山水景观因其创化自然美和提供家园感，而在人类生活中发挥着重要作用。时至今日，内含审美感悟和诗化哲理的题刻，在各地风景区和游览地的巨石摩崖上仍旧随处可见。举凡观光览胜的国人，大多对此抱有强烈而恒久的亲和态度。这种情境一方面可追溯到儒道两家的尚水意识与乐水情怀，另一方面可求证于唐诗宋词里诗情画意的景象。在古今中外，仅就水景审美而论，其所引发的哲学思索与诗性描述，通过隐喻、象征、道德化与人格化等手法，表露出独特、丰富的诗化哲理。相应的，源自水景审美的山水诗，也呈现出风格不同的哲理化诗境。这些诗境基于不同的诗性特征与审美属性，可大体分为秀美、壮美与乐感三种类型，各自在古代山水诗歌与游记里表现得十分灵动且耐人寻味。

## 一、隐秘溪流与井喻

在反思现代世界的人类栖居者"无家园感"这一困境时，海德格尔对于具有支配作用的技术能量深表关切，认为这种技术能量惯于将大自然当作人类用以满足自身需求和实现功利目的的"设备"。例如，一条河流既是用来发电的资源，也是开展旅游业务的吸引物。在我看来，在这种技术能量的背后，实则是急功近利的工具论在作祟，或者说是滥用工具理性的社会经济意识作祟。这样一来，自然环境的过度开发、利用乃至破坏，势必导致"无家园感"的问题日趋严重，势必驱使人们"忘却存在"，最终丧失事物与存在之神秘来源的感觉。在海德格尔看来，这种感觉曾经支撑人类坚信自己的生命拥有某种得以回应的实体和得以衡量的尺度，现如今的当务之急，就是恢复这种感觉，将其作为改善人类生存状况的一种替代方式。

我曾在一篇论文中发现，海德格尔对水源尤为敏感和珍惜，十分重视

"推动万物和容纳一切的伟大的隐秘溪流"①。这在一定程度上折映出海德格尔对道家思想的着迷。有鉴于此，海德格尔之子后来将此"溪流"与"井水"联系起来，借此指涉其父笔下的隐喻——"伟大的隐秘溪流"，认为此喻包含特殊寓意，同衍生万物之道相关。事实上，海德格尔在 1946 年曾与"一位母语为汉语的学者（a native speaker of Chinese）一起翻译《道德经》，但从未完成，所译部分佚失"②。事实上，海德格尔所说的"井水"，就流淌在一座小木屋后的花园里。这座木屋位于黑森林山区（the Mountains of Schwarzwald）高处的村落边缘，通常被称为"黑森林中的海德格尔木屋"或"林中木屋"（Heidegger's Hut in the Schwarzwald）。从相关图片中看，"井水"从外接的管道流出，汇入一个方形的木池里。木池平卧在草丛中，旁边辟有花径，从木屋后窗里一览无余。

这座木屋建于 1922 年。在此后的 50 年里，海德格尔的大部分著述就在此处写讫。这不啻是因为该处环境宁静、适宜写作，更为重要的是，海德格尔曾在一次电台广播采访中解释说，他在那里写作时获得自然美景的"支持和引导"，四周的山林与湖泊"渗入日常的生存体验之中"。如其所述：

> 我每次刚一返回到那里，就能轻而易举地进入我的工作节奏之中。都市里的人们时常寻思一个人在山林里是否会感到寂寞。可那并非寂寞，而是寂静。寂静具有独特和原创的力量，可将我们的整个存在投射到万物在场的宏阔而贴近的感受之中。③

不难看出，这一表述的基本意涵是多面性的。根据我的理解，海德格尔似从本体论立场出发感知自然风景。这类风景所营造的寂静满足了他的精神需要，丰富了他的审美体验，启发了他的哲学灵感，协助他撰写出皇皇巨著，渗入他"日常的生存体验"之中。山林与湖泊构成的风景，令海德格尔喜不自胜、情有独钟，认为那里的寂静，伴随着四季循环变化的景致，不乏精微奇幻的动态性，远远超过熙熙攘攘的喧嚣都市。细心的读者还会发现，海德格尔的这座木屋及其四周环境，覆盖在薄厚不一的积雪之下。可以想象，在那个白雪茫茫的寂静山林里，其屋后花园里那支细直的水管不停淌出清澈的

---

① Martin Heidegger, "The Nature of Language", in *On the Way of Language*, P. Hertz, trans. New York: Harper and Row, 1971, p. 92.

② David E. Cooper, *Converging with Nature: A Daoist Perspective*, Totnes: Green Books, 2012, p. 31. 这位"母语为汉语的学者"，国内学界一般认为是当时在维也纳研习哲学的萧师毅。

③ David Cooper, *Converging with Nature: A Daoist perspective*, p. 30. Also see Adam Sharr, *Heidegger's Hut*, Cambridge, Mass.: MIT Press, 2006, pp. 64—65.

井水，持续流入木制的池槽，必然会发出悦耳的水声流韵。这在寂静的山林里，犹如神秘的乐音、打破宁静的妙曲、滋养花草树木的源泉、慰藉栖居主人的天籁。

有趣的是，这里的山林景致也让我想起中国的山水观念。在中国传统中，山水观念本身实属主体鉴赏和外在景致融合的结果。山水作为两种自然或物理实体不可分离，由此形成自然景观的基本结构。山水的彼此关联，在相当程度上会使人产生这样的直观感受：山有水则活，无水则死。从自然美的某些性相来看，山水相互映照，构成有机综合。不过，在特定情境下，由于各自物理属性不同，山亦有山景，水亦有水景。从景观学角度看，山水组成的自然景观虽是互动互补的综合体，但观赏主体既可整体欣赏，亦可分开凝照。更何况在有些景观中，或水景的魅力大于山色，或山色的魅力或胜过水景。总之，山色与水景均有各自的特征、象征意义和审美价值。至于偏好游山或玩水的审美倾向，一般取决于个人的审美习惯与当时心境。在审美自由主义那里，这种倾向一任诸君所好，全凭个人选择。

来自海德格尔的井水隐喻（下称"井喻"），若从"道生万物"的观点来看，意味着神秘的水源和潜在的化育能力。由此观之，这便营造出一种引人入胜的氛围，协助这位德国哲学家顺利进入自己的工作节奏，陶醉于欣然而乐的寂静之中，进入自己"整个存在"与"万物在场"的融合状态。简言之，这有助于自然美"宏阔而贴近的感受"，打动海德格尔活生生的"此在"或"缘在"、"共在"或"同在"，启发其凝神静观的冥想，提升其审美欣喜的感受，激发其哲学著述的灵感，等等。

## 二、尚水意识与乐水情怀

应当说，海德格尔看重"伟大的隐秘溪流"，似与道家传统的尚水意识有关，但在思索与识察的理路上彼此却大相径庭。

譬如，在老子笔下，尚水意识多以托寓（allegory）方式表达，其在隐喻意义上可称为"水喻"。常见的例证，是以"不争""善下""柔弱""胜刚"与"胜强"等特征，来凸显水的特有德性与潜在能量。譬如"上善若水。水善利万物而不争，处众人之所恶，故几于道矣"[①]。这里将上善之人视同水，

---

① 《道德经》第八章，见王柯平：《老子思想精义》，陈昊、林振华译，中国大百科全书出版社，2017年，第92—93页。

是因为后者善于滋润养育万物而不与其相争，顺势停留在众所厌恶的地方而自甘无怨，故而最接近"为而不争"的"圣人至道"。在老子看来，水的功能积极有益，具有利他而无私、谦逊且低调等美德。

另外，水所汇成的江海，其容乃大，虚怀若谷。如其所述："江海所以能为百谷王者，以其善下之，故能为百谷王。"① 所谓"善下"，意即"处下"或"卑下"。江海如此，众流归之。将此类比人事，暗指谦虚厚道与善待民众的圣王。江海之喻，在庄子那里，焕然一新。如《秋水》所言："天下之水，莫大于海。万川归之，不知何时止而不盈。尾闾泄之，不知何时已而不虚。春秋不变，水旱不知。此其过江河之流，不可为量数。"②面对浩瀚大海，河伯望洋兴叹。这里看似在对比河与海的大小，实则是以海喻道，宣扬大海无涯、大道无疆。

至于水的"柔弱"及其"胜刚""胜强"的特性，老子这样描述："天下柔弱莫过于水，而攻坚强者莫之能胜，以其无以易之。弱之胜强，柔之胜刚，天下莫能知，莫能行。"③ 显然，川流顺势，以柔克刚，非同一般。其外表柔弱不堪，但内蓄无限力量，故而无坚不摧、无物可比。这一方面是因为水凭借自身的育养能力，为而不争，协助万物繁衍生长；另一方面是因为水凭借自身的潜在能量，顺势而为，征服一切貌似"刚强"的他者。这也是水近于"道"（生万物、统万物）的性相所在。自不待言，这种能量在很大程度上取决于水流动力本身的不懈作用。久久为功的"滴水穿石"之说，就是有力的明证。现实中，位于五台山菩萨顶的一座唐代古寺里，就有这种令人惊叹的历史奇迹。文殊殿前的石阶虽硬，但从屋檐滴下的水，日复一日、年复一年，终取得"穿石"功效。这代表持之以恒的德行、勠力不懈的过程。

相比之下，海德格尔所看重的"隐秘溪流"与"井水"，是基于人生的本体论立场，意在追思"推动万物和容纳一切"的根源，探寻一种有助于人找回家园和存在意识的神秘感觉。老子所萦怀的尚水意识与水之品性，则是根据经验直观，从朴素的能量辩证法角度出发，旨在说明"上善若水"的至高美德与独特功能。在老子心目中，水性即水德：利万物而处下，无偏私而海纳，不相争而谦虚，入低洼而自安，外至柔而胜刚，显羸弱而胜强，自卑下

---

① 《道德经》第六十六章，见河上公注：《道德真经》，上海古籍出版社，1993年，第38页。

② 陈鼓应注译：《庄子今注今译》，北京中华书局，1983年，第411—415页。另参阅郭象注，成玄英疏：《南华真经》，上海古籍出版社，第42—421页。

③ 《道德经》第七十八章，见王柯平：《老子思想精义》，陈昊、林振华译，中国大百科全书出版社，2017年，第79—81页。

而为王。总之，水的潜能巨大，无为不争，无物不克，无往不胜，最接近道的本质。所有这些不仅反映出老子倡导的"守柔"哲学，而且应和于"弱者道之用"的辩证原理。不过，细究起来，老子的尚水意识，表面看似涉及水的潜在能量及其动态发展的能量辩证法，实则是以水喻世，可以将其视为关乎为人处世乃至为政治国的行动辩证法。事实上，在老子阐述"上善若水"一章里，其所抬爱的上善之人，也是其所关切的"善建者"或"善行者"。老子语重心长地劝导他们，要从看似谦下、柔弱的水流中汲取经验，习得善行美德，储养善下而深邃的智慧，掌握以柔克刚的行动辩证法。他甚至不厌其烦地建议说：在安家时，应选择"居善地"；在思索时，应尽力"心善渊"；在交往时，应用心"与善人"；在谈话时，应做到"言善信"；在执政时，应设法"正善治"；在公务中，应推崇"事善能"；在实践中，应确保"动善时"。再者，凡事有度，不可妄为，不可胡为，更不可图谋私利而争强斗胜，因为，"夫唯不争，故无尤矣"[①]。

值得注意的是，老子的尚水意识，自然会使人联想到孔子的乐水情怀。这两者虽然导向各异，但都对中国水景审美活动影响甚巨。要言之，老子的尚水意识是基于经验直观与实践智慧，内含处世、济世之道的行动辩证法；孔子的乐水情怀基于人文教化与君子修为，指涉理想人格的美德象征论。因此，以孔子为代表的儒家，对水的凝照态度，引出诸多道德哲学的沉思玄想，在象征意义上成为理想人格修为的外在参照。《论语·雍也》中孔子曰："智者乐水，仁者乐山。智者动，仁者静。智者乐，仁者寿。"[②] 后世编纂《说苑》的学者，对乐水乐山的情怀与山水比德的缘由，有过如下评析：

> "夫智者何以乐水也？"曰："泉源溃溃，不释昼夜，其似力者；循理而行，不遗小间，其似持平者；动而之下，其似有礼者；赴千仞之壑而不疑，其似勇者；障防而清，其似知命者；不清以入，鲜洁以出，其似善化者；众人取平品类以正，万物得之则生，失之则死，其似有德者；淑淑渊渊，深不可测，其似圣者。通润天地之间，国家以成，是知之所以乐水也。诗云：'思乐泮水，薄采其茆；鲁侯戾止，在泮饮酒。'乐水之谓也。"

> "夫仁者何以乐山也？"曰："夫山巃嵸崛嶵，万民之所观仰。草木生

---

① 《道德经》第八章，见王柯平：《老子思想精义》，陈昊、林振华译，中国大百科全书出版社，2017年，第92—93页。

② 杨伯峻：《论语译注》，中华书局，1980年，第62页。

焉，众木立焉，飞禽萃焉，走兽休焉，宝藏殖焉，奇夫息焉，育群物而不倦焉，四方并取而不限焉。出云风通气于天地之间，国家以成，是仁者所以乐山也。诗曰：'太山岩岩，鲁侯是瞻。'乐山之谓矣。"①

以上所言，均以山水的自然形态和诗化描述，引申出力、平、礼、勇、善化、似圣、滋、养、生、息、不倦、无限等诸多美德，彰显出道德化与人格化的特殊性相和理想追求。若用现代的通俗说法，"水"在此意指大川巨流，"山"在此意指山峦高峰。依据各自特征与物理品性，"水"川流不息，处于动态；浅时清澈见底，深时高深莫测，直观看来不仅迅捷、敏锐、灵动，而且明察、深邃、滋养万物，象征一往无前、滔滔不绝的智慧，令人联想到"高挂云帆，以济沧海"的壮行。"山"形安然，处于静态；自身特质坚实、稳重、可靠，象征泰然自若、厚德载物的仁德，令人顿生"高山仰止，心向往之"的愿景。相应的，智者与仁者之别，也依据各自的品性与人格。

一般说来，智者有些类似于川流的动态德行，仁者有些类似于山脉的静态属性。智者之所以面对川流形象欣然而乐，是因为他们自己睿智而敏捷，在感知外物和处理问题时，思想睿智，行动敏捷，如同川流不息的滔滔江水。仁者充满互惠仁爱的意识，能够超越名利的枷锁或局限，在待人接物之时，能够处之泰然，笃实平和，不受外界干扰，不为私利所动，故在超然之中体验到"无时间的时间"，在喻义上与巍峨的大山相若，与仁厚永恒的德行等同。至此，生活情境与山水意象合二为一，智者与仁者似已摆脱社会异化，返回自自然然、天人相合的审美之境。这一存在状态，既是身体上的，也是心理上的，更是精神上的。"主客同一，仁智并行，亦宗教亦哲学"，此乃"人的自然化"所引生的结果。②

按此思路，孔子的观水态度，在子贡询问君子为何"所见大水必观"时，得到进一步拓展和深化。在《孔子家语·三恕》中，孔子回应子贡所问，指出：

> 以其不息，且遍与储生而不为也，夫水似乎德；其流也，则卑下倨拘必修其理，此似义；浩浩乎无屈尽之期，此似道；流行赴百仞之嵘而不惧，此似勇；至量必平之，此似法；盛而不求概，此似正；绰约微达，此似察；发源必东，此视志；以出以入，万物就已化絜，此似善化也。

---

① 刘向撰，向宗鲁校证：《说苑校证》，中华书局，1987 年，第 435—436 页。
② 李泽厚：《论语今读》，安徽文艺出版社，1998 年，第 161—162 页。

水之德有若此，是故君子见必观焉。①

类似陈述，也见于《荀子》一书。有关言论，在其他古籍里相继展开；相关道德价值，在比附中得以深化。譬如，《说苑·杂言》转述道：

> 夫水者，君子比德焉。遍予而无私，似德；所及者生，似仁；其流卑下句倨，皆循其理，似义；浅者流行，深者不测，似智；其赴百仞之谷不疑，似勇；绵弱而微达，似察；受恶不让，似包蒙；不清以入，鲜洁以出，似善化；至量必平，似正；盈不求概，似度；其万折必东，似意。是以君子见大水观焉尔也。②

从上列类比性描述来看，自然现象与道德象征之间的应和关系显而易见。人性虽是人文化成的结果，却保留着源于自然界的某种相似性，此乃人类观察和模仿生活环境中的对象所致。换言之，当人们发现续存于自然界的此类对象时，就会以这种或那种方式回应审美上的刺激、哲理上的感悟和道德上的启示，这在孔子乐水乐山的凝照与体验中不难见出。有鉴于此，钱穆在注解时提出一种道德和艺术相互关联之见，断言有道德的人大多知解和喜爱艺术。其曰：

> 道德本乎人性，人性出于自然，自然之美反映于人心，表而出之，则为艺术。故有道德者多知爱艺术，以此二者皆同本于自然也。《论语》中似此章富于艺术性之美者尚多，鸢飞戾天，鱼跃于渊，俯仰之间，而天人合一，亦合之于德行与艺术耳，此之谓美善合一。美善合一，此乃中国古人所倡天人合一之深旨。③

这里，从观乎山水、欣然而乐的审美愉悦中，引申出道德、人性、自然、艺术之间的生成关系；继而从自然美与艺术美的鉴赏活动中，先行解读出仰观俯察的"天人合一"说，随后归结出应乎德行和艺术的"美善合一"说；最终则将"美善合一"确定为"天人合一"的深层要旨。这也说明，中国传统的"乐感文化"，既是建立在凝神观照、欣然而乐基础上的"审美文化"，也是建立在人生艺术化和道德化基础上的"精神文化"，由此统合了人的个体生命体验中情感与理性、仁爱与智慧的互动、互补、互渗、互融等谐同关系。

具体说来，孔子眼中的川流形象有何意味呢？它至少涉及四点。其一，

---

① 王国轩、王秀梅译注：《孔子家语》，中华书局，2009年，第77—78页。
② 刘向撰，向宗鲁校证：《说苑校证》，中华书局，1987年，第434页。
③ 钱穆：《论语新解》，转引自李泽厚，《论语今读》，安徽文艺出版社，1998年，第161页。

山水之乐，不仅是对自然景色愉悦感官的特性做出的审美反应，而且是对其道德象征意涵的理智感悟。此乃人对自然景观美产生的共鸣，表明审美体验与道德评价并行不悖。其二，孔子凝照山水的态度，昭示出人对待自然的一种特殊亲和力，进而发展成为一种人与自然契合如一的意识。此意识非同寻常，已然从审美和精神两个方面，渗透到凝照自然美景的传统敏悟方式之中。其三，中国各地自然景观独特而多样，内含丰富的文化要素与历史遗迹，构成中国景观审美现象学和艺术创作的重要部分，这在诗画中表现得尤为突出。其四，鉴赏自然景观美的方式，涉及价值判断的层次，关乎三种不同态度。按照孔子所述，"知之者不如好之者；好之者不如乐之者"①。何故？举凡知道对象如其所是之人（知之者），在情感上不及那些喜欢相关对象之人（好之者）那么强烈；举凡喜欢相关对象之人只是喜欢而已，却不一定能够充分鉴赏相关对象的深层旨趣，换言之，他们不一定能以快乐方式将相关鉴赏活动付诸实践；举凡从此对象中体验到快乐或愉悦之人（乐之者），不仅知解而且喜欢此对象，同时还能把握和玩味此对象，从中获得感知与心智上的愉悦感。故此，与"知之者"与"好之者"相比，"乐之者"高出一筹，具有审美敏感能力，擅长鉴赏诸对象，并能在本体论意义上体验和上达自由存在的境界。因为，他们乐在其中，能够享受到精神自由，能够享受人生艺术化或艺术化人生。这便是宋儒为何将学与乐（学者学其乐，乐者乐其学）合二为一的主要动因。

谈到乐山乐水之美，我们可从山水诗的诗化哲理与哲理化诗境中找到诸多明证。在中国文学遗产中，山水诗占据至为重要的地位，不仅富含文字的诗化魔力和敏悟的审美智慧，展现出山水景观精微多样的自然美和艺术美，同时以言外之意，着力表现出"人类文明的最高理智"与"终极良知"。在这方面极具代表性的唐诗宋词，通过其充盈的创造力与生动的形象性，将诸多水景审美体验置于流光溢彩的诗情画意之中。总之，自唐宋以来，水景审美的诗性价值与哲理价值影响巨大、流布最广。其风格多样的诗境，依据各自不同的审美属性，可至少划分为秀美、壮美与乐感三种类型。

## 三、秀美型水景的内涵

举凡诗境类型，有其相应的诗性特征或审美属性。大体说来，秀美型水

① 《论语·雍也》，见杨伯峻：《论语译注》，中华书局，1980 年，第 61 页。

景见诸宁静的泉溪、明澈的池塘、荡漾的湖泊、潺潺的河流。其中以平和宁静和悦耳悦目为主调的相关属性，与西方美学里的优美范畴有某些近似之处，有助于促成主客体之间的和谐互动与快乐融合的审美关系。实际上，秀美型水景借助自身的外观魅力和蕴含意味，既是诗人喜好描述的景致，也是游人欣然而乐的对象。

首先，就宁静的泉溪而言，典型示例在唐诗宋词里随处可见。譬如，在王维笔下：

> 空山新雨后，天气晚来秋。
> 明月松间照，清泉石上流。
> 竹喧归浣女，莲动下渔舟。
> 随意春芳歇，王孙自可留。

从诗中可见，水景与"新雨""清泉""浣女""渔舟"连接一体，沉浸在"明月"之中，点缀着"松""石""竹""莲"。没有行人与喧嚣的"空山"，反衬出此情此景的宁静谐和状态。泉流石上，竖耳可闻，同竹林的摇曳声和渔舟的划水声形成协奏。这一精妙描述，诗中有画，更有声，既悦目悦耳，又悦心悦意。这里，人与自然的亲和关系，令人油然而生情寄山水的家园感。而一"归"字，点出洗衣少女在欢声笑语中摇船穿过荷花的回家景象。尾联虽是以消歇的"春芳"凸显眼前的秋色，但让人流连忘返的美景强化了全诗隐含的那种家园感——情寄山水的家园感。

> 沙河塘里灯初上，水调谁家唱。夜阑风静欲归时，唯有一江明月碧琉璃。

这节词选自苏轼《虞美人·有美堂赠述古》，所描写的是华灯初上的水景意象，其背景依然是一轮高悬的"明月"。江面上浮现出"碧琉璃"似的色调。同"水调"韵律契合的吟唱，伴随着江水富有节奏的波动起伏。月光如水，"夜阑风静"，诗人在回家途中，面对优美的江景，怡然自得。这里有实景，有想象，有感受，有抒怀，集成身游、目游与神游的综合性通感体验。

再下来则是石潭水景的迷人画境，柳宗元《至小丘西小石潭记》的描述细密而具象：

> 从小丘西行百二十步，隔篁竹，闻水声，如鸣珮环，心乐之。伐竹取道，下见小潭，水尤清冽。全石以为底，近岸，卷石底以出，为坻，为屿，为嵁，为岩。青树翠蔓，蒙络摇缀，参差披拂。

潭中鱼可百许头，皆若空游无所依，日光下澈，影布石上。佁然不动，俶尔远逝，往来翕忽，似与游者相乐。[1]

可见，石潭静处，无人打扰。潭水清澈见底，百余尾小鱼在水中游弋，其影投射在潭底的巨石上，静憩不动，灵动可爱。石潭因澄澈的溪水与孤寂的位置而透明，使得小鱼自由自在、安享悠闲。就在这时，突然有人造访，打破寂静，惊动了潭里安然的鱼儿，鱼儿瞬间感到困惑不解。不过，它们很快恢复平静，好奇之余，欣然与来客嬉戏相乐。这与其说是鱼之乐，不如说是人之乐，是观赏主体将自身意趣投射进观赏对象的结果。

同上列情景相若的是另一诗境，主客体之间的审美关系如常建《题破山寺后禅院》所示：

山光悦鸟性，潭影空人心。

万籁此俱寂，但余钟磬音。

在这里，我们看到"山光"与"潭影"合成的景象。位于潭上的是树梢上的鸟鸣，从周边寺庙传来的是"钟磬"的余音，在万籁俱静处更显得清脆或悠扬。潭水清澈透亮，洗涤心中凡尘。这些意象融合在一起，从言外之意中使人联想到石潭四围的山林、天上漫游的流云、沉思凝照的来客。几近"诗眼"的"空人心"，实则意指净化人心、淘洗俗虑、超脱烦扰，这正好表明人入山林、光顾此处的原因。这不啻是一种单纯为了审美满足的观光体验，更可以说是一种为了净化心灵的精神之旅，其中隐含着游心参禅或问道的自觉与动机。中国传统意义上的文人墨客，通常怀有这种寻求心静神宁或精神自由的"林泉之心"。欧阳修曾言："醉翁之意不在酒，在乎山水之间也。山水之乐，得之心而寓之酒也。"相比之下，"得之心"才是关键，此乃"山林之乐"的枢机。儒道两家所倡导的"山水之乐"，或追求仁智之德，或追求逍遥之境，均离不开欣然而乐的"林泉之心"。

接下来，不妨看看下述秀美江景：

春江潮水连海平，海上明月共潮生。

滟滟随波千万里，何处春江无月明！

江流宛转绕芳甸，月照花林皆似霰；

空里流霜不觉飞，汀上白沙看不见。

江天一色无纤尘，皎皎空中孤月轮。（张若虚《春江花月夜》）

---

[1] 见倪其心等选注：《中国古代游记选》（上册），中国旅游出版社，1985 年，第 111 页。

渌水明秋月，南湖采百蘋。

荷花娇欲语，愁杀荡舟人。（李白《渌水曲》）

山桃红花满上头，蜀江春水拍山流。

花红易衰似郎意，水流无限似侬愁。（刘禹锡《竹枝词》）

从张若虚《春江花月夜》开篇的描述里可见：月照江海的水景，平远辽阔，柔和迷离，充满魅惑。其中，"潮水""明月""芳甸""花林""流霜"与"白沙"一组意象，以生动的交互作用的方式，引出视觉、听觉、嗅觉、触觉及其统觉功能。这一切主要围绕着月光下的"春江"与"海水"展开。月为体，江为实，海为虚，彼此交汇，凸显出起伏波动的江景、平阔柔美的海景、璀璨明亮的月色、沁人心脾的花香。这幅幽美邈远、宁静空明的春江月夜图，隐含着迥绝而有情的宇宙意识，创构出烟波浩渺但又亲和与共的景象。设此背景，便为随后抒写游子思妇的离情别绪与富有哲理的人生感慨做好铺垫，从而使这首融诗情、画意、哲理为一体的诗作享有"孤篇盖全唐"之誉。

第二首《渌水曲》，简短凝练，描述的是碧波荡漾、秋月辉映、胜似春光的南湖水景。首句写景，表示湖水碧绿澄澈，借以映衬秋月之美。所有"明"字，凸显出南湖秋月波光粼粼、光洁可爱的迷人景象。次句叙事，所言少女在湖上荡舟采集白蘋。后两行言情，构思精巧别致，让"娇"媚"欲语"的"荷花"，一方面与近旁的少女形成对照，渲染各自的容色之美，另一方面使采蘋姑娘产生些微妒意，反衬"荷花"艳羡之美。此诗选词精妙，设境奇绝，把湖景写活了，把荷花写活了，把少女写活了，同时也把湖光秋月与荷花美人构成的诗境写活了。典型的南国秋色，生气勃勃，胜似春日。相关描述，既表现出诗人欣然而乐的心情，也反映出水景秀美宜人的魅力。

刘禹锡《竹枝词》前两行描写的是桃花烂漫、春江涌动的景象。"山桃红花"与"蜀山春水"互为背景，呈现出交相辉映的动人画境：春来桃花盛开，满山红艳；江水拍山而流，滔滔不绝。这里到底是花妆山，还是山恋水，彼此浑然一体，已然无需区分。后两句托物起兴，借景抒情，表达赏花观景少女睹物思人，心生惆怅。在她看来，山桃虽美，但"花红易衰"，难免引发青春易逝如明日黄花之叹，徒生郎君爱情甜蜜但久则衰退之感。这便触碰到失恋少女敏感的痛处。潜藏在她内心的无尽愁苦，恰似"水流无限"，滔滔不绝，让人不禁联想到李煜的感伤叹喟："问君能有几多愁，恰是一江春水向东流。"总之，暖春热烈的山色水景，失恋惆怅的怀春少女，形成鲜明的对照。正是在欣喜与愁苦、希望与失望、积极与消极、自然与人生的多重交响中，隐含着哀乐并存的生活哲理、难以舍弃的家园情怀。

## 四、壮美型水景的张力

与秀美型水景的诗境类型相比，壮美型水景的诗境类型具有令人望而生畏、惊心动魄的审美属性，譬如气势磅礴、力量宏巨、汹涌澎湃、广袤无垠、浩渺壮阔，等等，其与西方美学中的"崇高"（the sublime）范畴具有某些类似特征。在许多情况下，壮美型水景会在主客体之间引发心理对立或冲突的紧张关系，有助于深化和铭记这种特殊的审美体验。通常，这种反应会出现在观看飞流直下的巨瀑、波涛汹涌的大江、铺天盖地的海潮、壮阔无垠的湖泊等景象之际。

在当今世界上，分布着多个大瀑布，它们均以巨大的流量、震耳的声响、骇人的高度和恢弘的形态为显著特征，故此成为古往今来搜奇揽胜者的著名"圣地"。在中国山水诗歌里，创造性表现瀑布的诗作虽然不多，但却占据重要而独特的位置。例如，在李白《望庐山瀑布》这首七言绝句里，我们看到一幅熟悉超绝的飞瀑图。其诗曰：

> 日照香炉生紫烟，遥看瀑布挂前川。
> 飞流直下三千尺，疑似银河落九天。

香炉峰是江西庐山诸多山峰之一，在朝霞映照之时，呈现出紫云缭绕的景象，远看恰似一座香炉浮于云端。"飞流直下"的"瀑布"，悬挂在耸立的山巅，似有"三千尺"之高，犹如流落"九天"的"银河"，声震八方，力劈万钧。这里，瀑布的声量与力量一体，巨瀑与"银河"类比，云霄与"九天"相合。描写壮美景象的修辞夸张手法，源自独特的想象力和诗化的表现力。上述非同寻常的高度、量度、力度、流速、声响和气势，构成巨瀑的动态特征，以相互融合的方式，彰显出壮美型水景的个性。通常，这种诗化描绘，与山水实景并不等同，因为诗人是从个体经历、想象、凝视或情思意趣出发，表达自己的直观感受与审美评判，创造性地描写自己心中的景象而非眼中的景物。

另外，壮美型水景也体现在惊涛骇浪、洪流江海之中。唐宋诗人词家对此借题发挥，多有吟诵。譬如，

> 渡远荆门外，来从楚国游。
> 山随平野阔，江入大荒流。

月下飞天镜，云生结海楼。

仍怜故乡水，万里送行舟。（李白《渡荆门送别》）

云树绕堤沙，怒涛卷霜雪，天堑无涯。（柳永《望海潮·东南形胜》）

大江东去，浪淘尽，千古风流人物。故垒西边，人道是，三国周郎赤壁。乱石穿空，惊涛拍岸，卷起千堆雪。江山如画，一时多少豪杰。（苏轼《赤壁怀古》）

上列诗化描绘，均与大江相关。李白的《渡荆门送别》描写的是出蜀地、下长江、经巴渝、出三峡，抵达湖北宜都的游览感受。诗人兴致勃勃，乘舟壮游，沿途纵情观览长江两岸的崇山峻岭。船过荆门，景色突变，平原旷野绵延，视域顿然开阔，别有一番天地。"山随平野阔，江入大荒流"一联，至少呈现出四种景象：山峦起伏，旷野平坦，大江奔流，荒原辽远。这组景象壮阔雄浑，让人放眼天地，思接千里。在山形隐去的广阔原野上，看到的是江水奔腾的宏伟景象，如同一幅气势磅礴的万里长江图，给人以宇宙无限的空间感和大江东去的洪流感。"月下飞天镜，云生结海楼"一联，实属长江近景描写：月入江流，其倒影好似天上飞来的一面天镜；云霞变幻，其多彩迷离的形态由此结成一座海市蜃楼。如果说山水画"咫尺应须论万里"，那么这首山水诗所绘形象则可以说是小中见大，容量丰富，数语胜过千言，把万里山势与壮美水景写得活灵活现、历历在目。尤为感人的是，尾联以深情的乡愁，道出万里江水送行的壮景。别情离绪，天高水长；思家恋乡，无穷无尽。于是，乡愁汇入江水，江水化作乡愁。不过，在"天境""海楼"中，这位游子于迷离欣喜之时，似乎找到精神的寄托或归宿，似乎觉得大自然瞬间已成为大家园。

柳永《望海潮》里的三行词句，一反常态，尽扫绮丽、婉约与凄切之风，仅用寥寥数语，勾画出壮美海景的瑰玮景观，给人留下殊深印象。在他的笔下，钱塘江畔的"云树"高耸入云、环绕沙堤，汹涌的潮水铺天盖地冲来，卷起霜雪一样的白色浪花，奔流滚动，壮阔的江面一望无涯。不难想象，此时潮水汹涌，浩浩荡荡，涛声大作，震撼四方，为此情此景平添几分豪迈、几分雄壮。

苏轼《赤壁怀古》一词，借古抒怀，雄浑苍凉，意境宏阔，将写景、咏史、抒情融为一体，以摄魂动魄的艺术力量而被誉为"古今绝唱"。所引上阕，描写的是黄冈城外赤壁矶处的月夜壮美江景，借对三国古战场的凭吊和对风流人物才略、气度、功业的追念，流露出作者怀才不遇的忧愤之情，表现了作者关注历史和人生的旷达之心。在隐约深沉的感慨和奋求洒脱的抒怀中，作者将浩荡江流胜景与千古英雄气概并收笔下。故此，后来的词论家徐轨声称，东坡词"自有横槊气概，固是英雄本色"。这难免让人联想到赤壁鏖战中横槊赋诗、慷当以慨的曹孟德。"卷起千堆雪"、拍击江岸乱石的"惊涛"骇浪，既有惊心动魄的画面感，也含险峻豪迈的历史感。"千古风流人物"消逝，"江山如画"依旧。然而，前者并非就此归于虚无。事实上，诗词能使历史事件和英雄人物成为永恒。这壮阔的江山，作为历史遗迹，总让人发思古之幽情，念英雄之伟业。可以说，这古人、今人与景观，三位一体，相互联动，彼此衬托，组成景观壮美、寓意深远的人文胜迹画卷。

中国湖泊甚多，洞庭湖水域辽阔，方圆八百余里，更有岳阳楼之大观。登斯楼而远望，波光浩渺，漫无际涯，是古往今来的名胜之地，文人墨客到此游览赋诗者居多，所留名作佳句数不胜数，此处仅举其二：

> 昔闻洞庭水，今上岳阳楼。
>
> 吴楚东南坼，乾坤日夜浮。（杜甫《登岳阳楼》）
>
> 八月湖水平，涵虚混太清。
>
> 气蒸云梦泽，波撼岳阳城。（孟浩然《临洞庭上张丞相》）

杜甫《登岳阳楼》前两联叙事写景，为后两联抒情感怀预设背景。首联虚实交错，今昔对照，扩大了时空的领域，暗指洞庭盛名，表露内心喜悦。其为诗蓄势待发，为描写洞庭湖酝酿气氛。颔联"吴楚东南坼，乾坤日夜浮"，感叹广阔无边的洞庭湖水划分吴、楚两大古国的疆界，代表乾坤的日月星辰，就好像漂浮波动在湖水中一般。洞庭之广，远接吴楚；洞庭之大，可纳乾坤。此联可谓神来之笔，生动展现出洞庭湖水势浩渺无际、宏阔雄伟的壮美景象。在这里，日月星辰组成的乾坤，与浩渺宏阔的洞庭，互为镜像，彼此映照，观者居于其中，疑似天上人间。

相比之下，孟浩然对洞庭湖景的描写有其独到之处。首联直书，点明时令，"八月"秋汛汹涌，用"平"字点出湖水涨漫，溢出堤岸，造成水岸相接、广阔无垠之状，进而增强了洞庭的浩瀚气势。面对洞庭，极目远望，水岸相平，水天相接，仰观俯瞰，"涵虚"见其宏大，"混太清"见其广袤，看似天宇映落湖中，又似湖水涵容天宇。如此壮阔的湖面，风云激荡，波涛汹涌。颔联"气蒸云梦泽，波撼岳阳城"，道出古老的云梦泽似乎在惊涛中蒸腾沸滚，雄伟的岳阳城似乎在巨浪中撼动摇荡。所用"蒸""撼"二字，力重千钧，乃画龙点睛之笔，将升腾的气象与飞扬的动势，奇妙地灌注进湖光与市景之中，足以见出非凡的艺术表现力和惊人的审美效果。这里，天宇与洞庭的交接互动，隐含着某种有情宇宙的神秘感或魅惑感。时至今日，深谙此诗此景的游人，每到此地，出于好奇与遐想，也会登楼远望，一窥究竟。即使上述诗化胜景已成往事，此类诗文游记作为有效的历史记忆，仍然可资能解闲行者"神游"八百里洞庭，灵视壮美型湖景。

顺便提一下，欣赏壮美型水景的体验，可通过传统观光游览的方式得到强化。也就是说，这种观赏行为所借助的是传统而非现代交通工具。要知道，古代诗人所描述的景观景象，都是采用划船、骑马或徒步等传统旅行方式看到的，其所产生的感受，均来自步移景异的缓慢过程，而非来自快艇、游艇或缆车等现代常用工具的急速运行。譬如，在《早发白帝城》这首七言绝句里，李白依据自己乘舟直下江陵的特殊经历与感受，将长江三峡壮美奇绝的景象描述得栩栩如生，收放自如的蒙太奇手法不仅使山川景观如在眼前，而且留下无限的想象空间：

> 朝辞白帝彩云间，千里江陵一日还。
>
> 两岸猿声啼不住，轻舟已过万重山。

长江三峡的激流，融含在诗中所描述的遥远距离与超常速度里。从白帝城到江陵城，诗言虽有"千里"之遥，但却"一日"抵达。在实际地理上，两城相去数百余里，而诗人通过夸张手法，记述了乘"轻舟"远渡天险的历程。三峡地形复杂，水流湍急，山势险峻，古往今来乘船渡江，都是一场伟大而艰难的历险，需要无所畏惧的勇气和魄力。相比于大川洪流与高山险滩，一叶"轻舟"飞速直下，伴随着沿途惊叫不已的"两岸猿声"，更加彰显出大与小、胆与识、险峻与雄浑、激情与速度的交叉重叠之感及动态雄浑之美。若能真正进入此情此景之人，相信会在惊心动魄之余产生某种精神振奋或审美狂喜之感。

## 五、乐感型水景的韵味

水景的乐感魅力，源于自然而然的水声泉鸣，其形式与量度多种多样，譬如潺潺的溪流，汩汩的清泉。在中国历史上，有些文人墨客对于神秘诱人的乐感型水景情有独钟。他们雅好山水，迷恋泉鸣。明代公安派就是其中典型代表，袁中道更是首屈一指。

袁中道本人时常陶醉于清泉之音，甚至认为此音给人的乐感胜过丝竹之声，因为水声流韵，自然纯粹，而人工丝竹之音，矫揉造作。在有些场境，他本人将明慧的心智等同于溪涧流水，变化精微，富有情趣。在有些际遇，他聆听卵石与溪水之间的轻触音响，视其为天籁合奏。故此，他深感具有乐感的水韵声情并茂，类似于琴瑟相鸣，不亚于妙音吟唱，故此特别喜欢临流泛筋，"听水声汩汩，悄然如语"①。尤其在《爽籁亭记》里，他对水声雅韵的详细描述，似有闻音涤虑、澄怀玄览的感受与哲思。如其所述：

> 玉泉初如溅珠，注为修渠，至此忽有大石横峙，去地丈余。郵泉而下，忽落地作大声，闻数里。予来山中，常爱听之。泉畔有石，可敷蒲，至则跌坐终日。其初至也，气浮意嚣，耳与泉不深入，风柯谷鸟，犹得而乱之。及暝而息焉，收吾视，返吾听，万缘俱却，嗒焉丧偶，而后泉之变态百出：初如哀松碎玉，已如鹍弦铁拨，已如疾雷震霆，摇荡川岳。故予神愈静，则泉愈喧也。泉之喧者，入吾耳，而注吾心，萧然泠然，浣濯肺腑，疏瀹尘垢，洒洒乎忘身世而一死生。故泉愈喧，则吾神愈静也。
>
> ……泉与予又安可须史离也。
>
> 故予居此数月，无日不听泉，初曦落照往焉……暂去之，而予心皇皇然，若有失也。乃谋之山僧，结茅为亭于泉上，四置轩窗，可坐可卧。亭成而叹曰："是骄阳之所不能驱，而猛雨之所不能逐也；与明月而偕来，逐梦寐而不舍，吾今乃得有此泉乎？"
>
> 且古今之乐，自八音止耳，今而后始知八音外，别有泉音一部。世之王公大人，不能听，亦不暇听，而专以供高人逸士，陶写性灵之用。虽帝王之威英韶武，犹不能与此泠泠世外之声较也，而况其他乎？予何幸而得有之，岂非天所以赉予者欤？于是置几移榻，穷日夜不舍，而字之曰"爽籁"云。②

此篇亭记，主写泉流，刻画入微，妙笔传神。通过详细描绘泉声的大小高低和自己听泉时的神情变化，表达了忘情山水、其乐无穷的超然志趣。在亲历过程中，作者起先由于"气浮意嚣"，"耳与泉不深入"，虽在听泉，却常被山色谷鸟所扰。其后排除干扰，采用"暝""息"之法，凝神静听，竟然能辨出泉声的百变形态。进而为之，泉声入于耳，注入心，洗肺腑，瀹尘垢，

---

① 袁中道：《西山十记》，见北京大学哲学系编，《中国美学史资料选编》，中华书局，1981年，第171页。

② 袁中道：《珂雪斋集》（中册），钱伯城点校，上海古籍出版社，1989年，第654页。

使作者忘却自己身世，超越生死界限，上达"泉"与"神"契合谐同的状态，进入无拘无束的精神自由之境。至此，作者沉迷于泉声，独钟此乐感，"居此数月，无日不听泉"，初曦落照前往，几乎须臾难离。如果天气变化，不得前往听泉，竟"心惶惶然，若有失也"。故此，作者与山僧商定，联手"结茅为亭于泉上，四置轩窗，可坐可卧"，日月轮转，不舍昼夜，随时可听。何故？是因"古今之乐，自八音止耳，今而后始知八音外，别有泉音一奇"。也就是说，古今音乐无法与泉音相媲美。不过，欣赏奇特泉音，显然要有条件。举凡"世之王公大人"等俗人，"不能听，亦不暇听，而专以供高人逸士陶写性灵之用"。此言所指，是拔出俗流的超然，还是自命非凡的清高？已然无别，明者自知。但需指出的是，作者袁中道不仅在此恢复了"家园感"，而且找到了心仪的"家园"，从而"诗意栖居"在爽籁亭下流连忘返。

可见，对于泉声之美，袁中道既是"知之者"和"好之者"，更是名副其实的"乐之者"。从其描述的泉韵之妙来看，他对其察之翔致，爱之深切，乐此不疲。泉声流韵所形成的音乐感，对这位聆听者而言，不仅是视觉、听觉的对象，而且是明心慧性的寄托，从而使其乐以忘忧，流连忘返。泉声的微妙变化，伴随着想象和联想，使聆听者感入其中，怡情悦性，享受水声流韵带来的乐感。这一切均体现出作者对道家自然主义智慧的感悟与觉解，从而使其"与天为徒""与物为春"，在"至乐"体验中将自身存在和泉音之美融为一体。这种美在表象上可被视为水声流韵的创造结果，但在实质上则是将有情宇宙生命节奏音乐化的结果，此乃中国传统的空间与生命意识使然。音乐化行为本身并不囿于水声，而是以不同方式扩展或运用于乐律、书法、诗歌与绘画等艺术之中。有鉴于此，中国文人习惯于在鉴赏自然美时，将本体论意义灌注于其内。如此一来，他们就会进入天人合一的超越性审美和自由体验。该体验在精神与宗教意义上，几近于喜不自胜的迷狂状态和超然物外的至乐境界。为了实现这一目的，就需要超脱的个人修养、丰富的想象力和高度的审美敏感性。

无独有偶，阿道斯·赫胥黎（Aldous Huxley，1894—1063）也曾在滴答、滴答、滴滴答答的雨落石阶声响中，发现了"水韵"（watery melody）与"水乐"（music of water）的妙趣。他对自己相关体验的描述，与袁中道的相关经历形成鲜明对照。赫胥黎在聆听雨声时，伴随着一种杂糅的情感——"愉悦与气恼"（pleasure and irritation），一方面是滋生于内的"不舒服情绪"，另一方面是令人好奇的"不连贯水乐"，犹如"达达派文学"所产生的效果。[①]对此，赫胥黎这样描述：

> 夜来，我的睡意愈来愈浓，耳边是无休无止的落雨音调，蓄水池里传来空洞的独白，巨大的雨点从屋顶跌落到石阶上，发出金属般说唱的声音；的确，我从中发现了一种意义；的确，我从中窥探到思想的印迹；的确，雨点组成的乐句，连续不断，具有艺术性，最终以某种惊人的方式结束。我几乎听到了，几乎理解了，几乎把握了。然而，我猜想自己沉沉入睡，进入梦乡。一觉醒来，我所看到的是晨曦入牖，满屋生辉。此时已是清晨，雨水依然嘀嗒不停，令人可乐可恼不已。[②]

不难看出，赫胥黎力图在连串雨滴构成的"水乐"中，寻找到某种"意义"，某种令人可解的意涵。然而，他语焉不详，这种"水乐"的不可理解性和空洞性，或许使他感到有些失望。于是，他赋予其一种"渐进的模糊意义"，一方面将其归于金属般的说唱声与机械性的嘀嗒声，另一方面将其比作"挥之不去的鬼魅"，因为这声音打扰他入睡，影响他情绪。相反，袁中道则不然。这位中国文人秉持鲜明观点，恪守积极态度。他不仅醉心于泉声的乐感魅力与溪流的多变音调，而且感悟到宇宙中的生命律动和神秘音乐节奏。最终，他不是昏昏入睡，而是摆脱烦扰俗虑，进入乐以忘忧的神闲气静状态，将自己完全融入或投射到人与水景合二为一的境界之中。

综上所述，若从目的论角度审视哲学与诗的相似性，诗化哲理与哲理化诗境近乎一枚硬币的两面，这在中国传统山水诗词里表现得尤为突出。老子的哲理化尚水托寓与孔子的道德化乐水情怀，为中国传统的水景审美奠定了重要的哲学基础。

比较说来，海德格尔所关注的"隐秘溪流""井喻"及其念兹在兹的山林景观，既关乎他本人哲思中导致"无家园感"与"忘却存在"的工具论缘由，也涉及他本人力图恢复神秘感与诗意存在的主体论意识。老子的尚水意识，更多强调的是流水育养万物的利他主义德行和谦下宽容的特征，在关注水的启示意义和标举水的至善德行时，推崇以水喻世的行动辩证法。孔子的乐水情怀，突出的是人文教化与君子修为的理想范型，其中蕴含着人格化的美德

---

① Aldous Huxley, "Water Music", in H. Barnes (ed.), *Essays Old and New*. London: George G. Harrap, 1963, pp. 197—199.

② Aldous Huxley, "Water Music", in H. Barnes (ed.), *Essays Old and New*. London: George G. Harrap, 1963, p. 198.

象征论。孔子本人据说"见大水必观",惯于借助川流不息的大江,喻指不屈不挠、勇往直前、高风亮节的君子人格。道儒两家的尚水传统,作为潜在影响因素,在一定程度上塑建了古今中国文人雅士的审美意识和心理结构。

自不待言,水景审美具有悦耳悦目、悦心悦意与悦志悦神的特殊功效,中国诗人描述水景审美的作品呈现出多种多样的意象、情调和风格。由此构成的代表性诗境,至少包括秀美型、壮美型和乐感型三类,各自拥有相应的诗性价值、哲理价值与审美属性,为古往今来的人们,提供了"诗意栖居"的欣快感觉与和凝照品鉴的丰富遗产。因为,它们以自身特有的方式,有效表达出"人类文明的最高理智"与"终极良知"。